LA GÉOMÉTRIE AU LIT

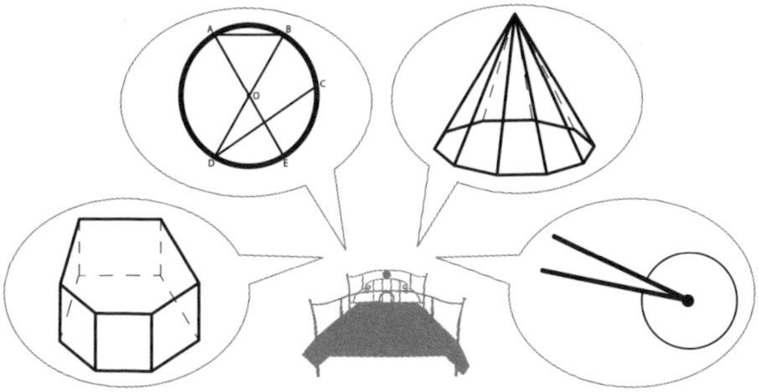

LA GÉOMÉTRIE AU LIT

COURBES ET SOLIDES POUR ÊTRE PLUS INTELLIGENT

Mike Askew et Sheila Ebbutt
Traduction Philippe Boulanger

TRÉCARRÉ
Une compagnie de Quebecor Media

Édition originale publiée sous le titre :
The Bedside Book of Geometry

Photos : pages 56 et 65 © Dreamstime ; page 119 © Margaret Wetheim ;
page 140 © Kmhkmh | Creative Commons ; page 162 © George M. Bergman ;
page 170 © Rama | Creative Commons
Illustrations : Lindsey Johns
Couverture : Chantal Boyer

Les Éditions du Trécarré
Groupe Librex inc.
Une compagnie de Quebecor Media
La Tourelle
1055, boul. René-Lévesque Est
Bureau 800
Montréal (Québec) H2L 4S5
Tél. : 514 849-5259
Téléc. : 514 849-1388
www.edtrecarre.com

Dépôt légal – Bibliothèque et Archives nationales du Québec
et Bibliothèque et Archives Canada, 2012

ISBN : 978-2-89568-601-9

Imprimé en Chine.

Distribution au Canada
Messageries ADP
2315, rue de la Province
Longueuil (Québec) J4G 1G4
Tél. : 450 640-1234
Sans frais : 1 800 771-3022
www.messageries-adp.com

SOMMAIRE

INTRODUCTION À LA GÉOMÉTRIE

Les mathématiques ont deux facettes, le discret et le continu. Les mathématiques discrètes traitent des quantités qui peuvent être comptées : les moutons, les spectateurs d'un match de football, les bouteilles. Le premier objet historique témoignant d'une énumération est l'os d'Ishango où les encoches semblent avoir été utilisées pour un calcul. Toutefois, tous les phénomènes ne peuvent pas être comptés : la boue, la bière et bien d'autres quantités sont continues et doivent être mesurées. La mesure est une manière d'attacher un nombre à ce qui ne peut être compté et la géométrie est née de la nécessité de telles mesures.

Bien sûr les premières civilisations avaient certainement inventé des moyens pour échanger ou vendre des quantités continues comme l'huile d'olive ou le vin ; toutefois le mot « géométrie » est apparu chez les fermiers du delta du Nil où l'inondation annuelle effaçait les marques indiquant les limites de propriété. Il fallait avoir recours à des méthodes nouvelles pour redélimiter les terrains et ainsi naquit la géométrie, littéralement « la mesure de la Terre ».

Les fondateurs de la géométrie

Les mathématiciens grecs les plus célèbres sont probablement Pythagore et Euclide. Ils ne sont plus enseignés aujourd'hui, mais les « Éléments d'Euclide » feraient resurgir des souvenirs scolaires chez nos arrière-grands-parents. Bien qu'Euclide soit souvent considéré comme le père de la géométrie, cette distinction revient en toute équité à Thalès (640-546 av. J.-C.), qui étudia la géométrie trois siècles avant Euclide. Bien que nous n'ayons aucun document datant de l'époque de Thalès, la tradition orale a transmis un bon nombre d'histoires : la plus célèbre est la méthode de calcul de la hauteur de la pyramide de Khéops, construite il y a environ 4600 ans.

Nous ne connaissons pas dans le détail les méthodes géométriques utilisées par les Égyptiens pour construire les pyramides et la détermination de la hauteur totale d'une pyramide a longtemps été une énigme. Thalès remarqua qu'à un certain moment du jour, la longueur de l'ombre d'un objet était égale à sa taille. À cette heure du jour (repérée par la position du Soleil dans le ciel), il mesura la longueur de l'ombre de la pyramide à partir de sa base. Puis il ajouta la moitié de la longueur de la base et détermina ainsi la hauteur de la pyramide.

On attribue également à Thalès la découverte que le diamètre d'un cercle coupe celui-ci en deux parties d'aires égales, et que dans un triangle isocèle

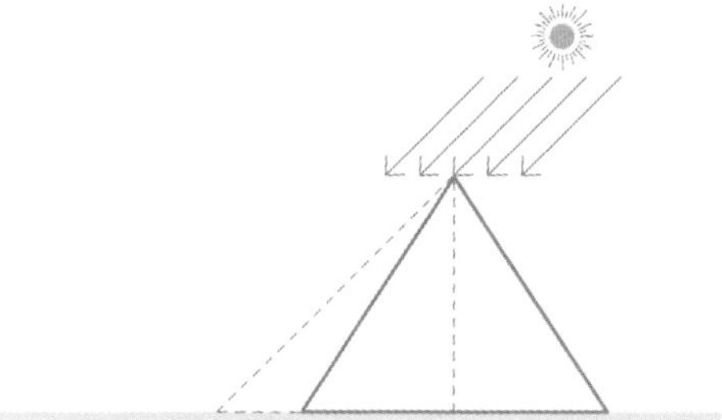

• Quand le Soleil était dans la bonne position, Thalès déduisait de la longueur de l'ombre la hauteur de la pyramide.

(un triangle ayant deux côtés égaux) les angles opposés aux côtés égaux sont aussi égaux. Aujourd'hui, même quelqu'un qui éprouve une grande aversion pour les mathématiques ne serait pas tellement surpris par ces « découvertes » : elles lui sembleraient plus des remarques de bon sens que de puissants résultats mathématiques. Toutefois, du temps de Thalès, ces avancées étaient remarquables dans la mesure où les conclusions de Thalès portaient sur *tous* les cercles et *tous* les triangles isocèles. Cette généralisation déductive était un nouveau moyen de penser les mathématiques, un moyen détaché de toute considération pratique portant sur des cercles ou des triangles particuliers. Ainsi, Thalès inventa un mode de raisonnement dont toutes les mathématiques modernes sont issues. Il transforma les mesures de la géométrie en l'étude des invariants : les propriétés des cercles ou des triangles isocèles qui ne dépendent pas de la taille de ces objets. Il existe une multitude de diamètres de cercles, mais ils découpent tous le cercle en deux parties égales. Toutes les branches de la géométrie utilisent de tels « invariants ».

Au cœur de la géométrie : les invariants et la symétrie

Quand les gens parlent de symétrie, ils évoquent généralement la vision d'images dont l'ensemble est agréablement équilibré, comme la symétrie des ailes de papillon, le dessin des pépins quand vous coupez une pomme en deux, ou un visage vu de face.
Ces sensations liées à une symétrie « intuitive » sont étudiées en géométrie euclidienne sous le nom de symétrie par rotation et par réflexion. Le papillon a la même symétrie par réflexion que le mot « BOB » : quand nous le plaçons devant un miroir, nous observons par réflexion un papillon indiscernable de l'original, tout comme quand nous disposons un miroir perpendiculairement au plan horizontal et selon l'axe de symétrie de la lettre U.
Les psychologues ont établi que nous sommes intéressés par des visages qui ne sont pas parfaitement symétriques, ce qui est une chance car la plupart des visages ne le sont pas tout à fait !

• Il existe dans la nature de nombreux exemples de symétrie par réflexion, ou symétrie axiale, comme les feuilles, les flocons de neige ou les dessins des ailes de papillon.

Le dessin des pépins au centre des pommes a une symétrie par réflexion, mais aussi par rotation. Une fleur à cinq pétales peut être tournée d'un angle de 72° selon cinq positions, restant identique à l'original après chaque rotation. Une des motivations des mathématiciens est de généraliser leurs déductions pour les utiliser dans de nouveaux contextes. Ainsi le concept de la symétrie devient une opération mathématique qui, appliquée à un objet mathématique, conserve certaines propriétés de cet objet. N'arrêtez pas ici votre lecture, nous allons expliquer cela.

Objets mathématiques

Qu'est-ce qu'un objet mathématique, vous demandez-vous ? Un objet mathématique se distingue d'un objet réel en ce qu'il est idéal, c'est-à-dire parfait. Dans le monde réel, un papillon n'est jamais parfaitement symétrique (un examen approfondi révélera de petits détails discordants sur les ailes). Même si vous le dessinez avec grand soin, un agrandissement révélera toujours des défauts de symétrie minuscules. Dans la vie courante, ces imperfections se remarquent à peine, mais elles importent au mathématicien, qui vit dans un monde parfait. Comme nous le verrons plus loin, cette distinction entre le réel et l'idéal est une des plus importantes notions qu'Euclide nous a léguées. La géométrie traite d'objets mathématiques idéaux, tels que des points, des droites, des polygones, des polyèdres et aussi des fractales, qu'Euclide ne connaissait pas. Dans le cas de notre papillon mathématique, l'opération mathématique qui préserve son aspect est la réflexion : vous ne pouvez déterminer si vous regardez le papillon original ou sa réflexion. Similairement, la rotation du dessin d'un cœur de pomme conserve son apparence par réflexion. Élargissons le concept de symétrie. Prenons un triangle et l'opération mathématique qui consiste à le dilater ou à le contracter. Dans le langage de tous les jours, ces différentes versions du triangle ne sont pas considérées comme symétriques. Mais, comme l'opération de dilatation (et de contraction) conserve certaines propriétés du triangle, par exemple la valeur des angles ou le rapport des côtés, cette dilatation est une symétrie mathématique. Les triangles sont symétriques dans l'opération de dilatation en ce qui concerne les angles et le rapport des côtés. Nous obtenons plusieurs images d'un même triangle en le

• Le problème du flocon de neige de von Koch est que l'on ne peut définir avec une absolue précision son aire (voir pages 166-167).

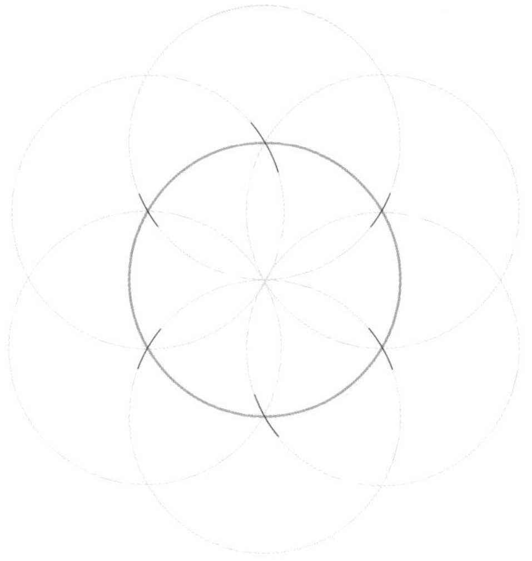

• On peut construire des polygones, ici un hexagone, en n'utilisant que la règle et le compas (voir pages 20-21).

déplaçant dans le plan (sans le tourner) et cette opération est dénommée translation ; c'est aussi une symétrie. Ces symétries de base – la réflexion, la rotation, la dilatation, la contraction, la translation et toutes leurs combinaisons – sont la base de la géométrie euclidienne, c'est-à-dire la géométrie des figures planes. Les figures planes sont représentées à deux dimensions et étendues à trois dimensions par des plans verticaux. Ces symétries sont tout à fait intéressantes et étudiées à l'école. Les « faits » que nous apprenons, par exemple que la somme des angles d'un triangle est toujours égale à 180 degrés, sont ancrés dans ces symétries. Nous les utiliserons aussi pour démontrer des propriétés moins connues, par exemple qu'il n'existe que 17 motifs différents de papier peint.

La géométrie non euclidienne

Quand on s'aperçut que la Terre n'était pas plate mais sphérique, de nombreux « faits » de la géométrie euclidienne qui semblaient évidents devinrent problématiques. Ainsi, sur une sphère, les bateaux pouvaient voyager en ligne droite entre trois changements de direction (de 90 °) et revenir à leur point de départ. À mesure que les méthodes de calcul

LA SYMÉTRIE EN STATISTIQUES

La célèbre courbe en cloche, qui représente une distribution statistique dénommée « normale », est symétrique. Elle est décrite par une équation mathématique et on dit qu'elle est normale parce que de nombreux exemples dans la nature, comme le nombre des individus dans une population ayant une certaine taille, ont à peu près cette forme. Ainsi les notes des étudiants à un examen se répartissent selon une telle courbe ; quand les notes sont réparties selon une courbe moins symétrique que la courbe en cloche, c'est que le sujet d'examen n'était pas bien conçu.

s'amélioraient, les géomètres s'aperçurent que la somme des angles du triangle parcouru par le bateau était supérieure à 180°. Cette observation ouvrit la possibilité de nouvelles géométries, les géométries non euclidiennes.

Les symétries de la géométrie non euclidienne spécifient aussi ce qui reste invariant lors des opérations mathématiques. La géométrie projective s'intéresse à ce qui reste invariant quand des objets géométriques sont représentés dans un autre contexte ; par exemple, quand un objet à trois dimensions est projeté sur un plan à deux dimensions, et quand des figures tracées sur une sphère sont projetées sur un plan. Comme le comprirent les artistes de la Renaissance italienne, dans la géométrie projective les parallèles se coupent !

La topologie traite de symétries encore plus étonnantes. Souvent désignée comme la géométrie du caoutchouc, la topologie étudie comment peuvent être transformés des objets quand on considère qu'ils sont faits de caoutchouc mou et flexible.

Imaginez, par exemple, un anneau vide comme une chambre à air. Cet objet peut, en théorie, être étiré et déformé pour se transformer en une tasse avec anse. Mais on ne peut pas, sans le déchirer et le recoller, transformer cet anneau en une sphère creuse ! En topologie, une chambre à air et une tasse à café sont symétriques, pas une sphère et une tasse !

La symétrie d'échelle (ou symétrie de grandeur) est la pierre angulaire de la géométrie euclidienne : si les triangles

• La géométrie projective a introduit en peinture les points à l'infini, permettant ainsi de dessiner des tableaux avec une perspective exacte.

et les cercles ne conservaient pas leurs propriétés quand ils sont dilatés ou contractés, l'essentiel de la géométrie euclidienne disparaîtrait. Dans le monde réel toutefois, cette symétrie d'échelle est absente. Par exemple, les fourmis et les araignées géantes, comme on en voit parfois dans les films de science-fiction, ne survivraient pas car le rapport entre leur volume et leur surface imposerait qu'elles aient des poumons énormes. La conception d'une patte d'éléphant est plus qu'un agrandissement d'une patte de souris.

L'absence dans le monde réel des idéalisations de la géométrie euclidienne a amené le développement de la géométrie fractale. Cette géométrie englobe les phénomènes qui ont une sorte d'invariance d'échelle. Les fractales sont des objets mathématiques dont la caractéristique principale est d'être « auto-similaire », dans le sens où elles ont la même apparence quel que soit l'agrandissement. Cette symétrie d'échelle est différente de la symétrie euclidienne car, en géométrie euclidienne, l'agrandissement d'une partie du triangle ne ressemble pas au triangle tout entier. L'ensemble de Mandelbrot est la plus célèbre des fractales.

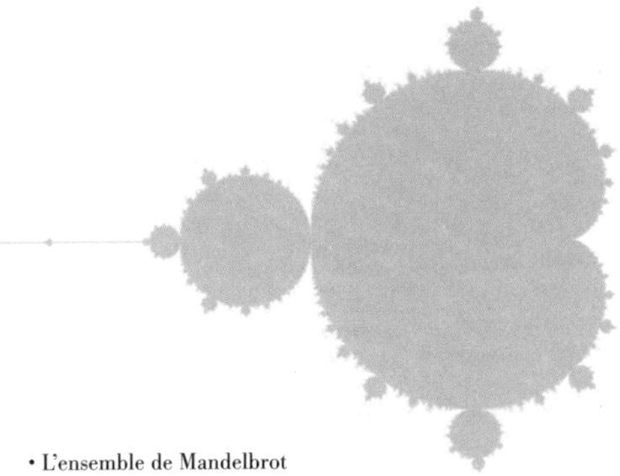

• L'ensemble de Mandelbrot semble à peu près le même quand vous agrandissez un détail ou quand vous le réduisez (voir pages 166-167).

Les fractales sont communes dans la nature. Ainsi les côtes de la lande bretonne ont à peu près la même forme qu'elles soient vues d'un avion ou, en détail, du rivage. Les arbres, les fougères et les choux ont des propriétés auto-similaires.

Le mathématicien Kepler affirmait que la géométrie avait deux joyaux : le théorème de Pythagore et le nombre d'or. Nous examinerons ces beautés dans les chapitres suivants, mais depuis l'époque de Kepler de nouvelles géométries, incluant la topologie et les fractales, ont révélé d'autres pierres précieuses que nous allons partager.

« L'objet mathématique le plus complexe jamais découvert est l'ensemble de Mandelbrot. »

Benoît Mandelbrot

Chapitre

1

Points, droites et cercles

Quand nous chantons, nous enseigne Julie Andrews dans *La mélodie du bonheur,* nous commençons par do, ré, mi… De même, la géométrie est fondée sur trois éléments : les points, les droites et les cercles. Tout comme les airs de musique sont élaborés à partir de quelques notes, les objets géométriques sont construits par les mathématiciens, avec les « choses qu'ils préfèrent ».

CONSTRUCTIONS I

Où réside la géométrie? Les carrés existent-ils dans le monde réel ou seulement dans le monde idéal des mathématiciens? Euclide nous dit qu'en géométrie, les dessins ne font qu'illustrer des idées, mais que ce ne sont pas des idées. La géométrie, selon Euclide, n'existe que dans notre cerveau.

Des objets mathématiques idéaux

Si ses «postulats» font aujourd'hui le renom d'Euclide, ses définitions avaient autrefois plus de retentissement.
Euclide définit un point comme «ce dont la partie est nulle» et une ligne «une longueur sans largeur»: ce faisant, il distingue la chose mathématique «idéale» (qui n'existe que dans notre cerveau) et les objets réels. Si nous affirmons qu'un point existe, alors nous en déduisons qu'il doit pouvoir être divisé en parties plus petites. Mais, si la partie d'un point est nulle, alors il ne peut être divisé et donc ne peut exister dans le monde réel. De la même manière, une longueur sans largeur ne peut exister. Ainsi, paradoxalement, la totalité de la géométrie est fondée sur des choses qui n'existent pas! Ce qui existe, ce sont des représentations de ces objets mathématiques idéaux dont la construction fascinait les Grecs. Il existe aujourd'hui un grand nombre d'objets utilisés pour les constructions géométriques, du simple rapporteur aux logiciels de dessin. Les Grecs, plus parcimonieux, se contentaient:

- d'une règle pour tracer des lignes droites (sans graduations, sans unités de mesure, une simple règle); et
- d'un compas pour tracer des cercles.

Avec la règle et le compas, les Grecs surent construire une multitude de représentations et résoudre un grand nombre de problèmes de géométrie. Nous utiliserons certaines d'entre elles que nous allons maintenant examiner; vous les avez peut-être déjà vues.

Construction de la médiatrice d'un segment

Cette construction fait coup double: nous construirons des angles droits et partagerons un segment en deux parties égales.
La règle est utilisée pour tracer un segment. Désignons par A une extrémité, par B l'autre extrémité. Ouvrons le compas d'un rayon supérieur à la moitié de la longueur AB. La pointe du compas étant placée en A, traçons un grand arc de cercle coupant le segment AB, puis, avec la même ouverture de compas, faisons la même opération, la pointe du compas étant maintenant en B. Avec la règle, joignons les points d'intersection des deux arcs de cercle. Nous aurons ainsi construit une droite perpendiculaire (coupant à

angle droit) au segment AB et le séparant en deux parties. C'est la médiatrice de AB.

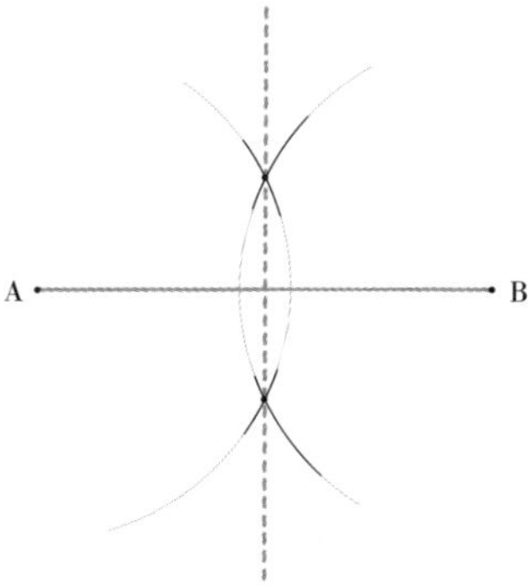

La bissectrice d'un angle

Nous utilisons une règle pour tracer deux segments qui se coupent en O et créent ainsi un angle $\widehat{O}$. Ouvrons le compas, plaçons la pointe en O et traçons un arc de cercle coupant les deux segments de droite aux points M et N. Avec la même ouverture de compas, traçons deux arcs de cercle de centre M et N qui se coupent en P. Joignons le point O au point P. La droite OP bissecte l'angle $\widehat{O}$: c'est la bissectrice des deux droites ON et OM.

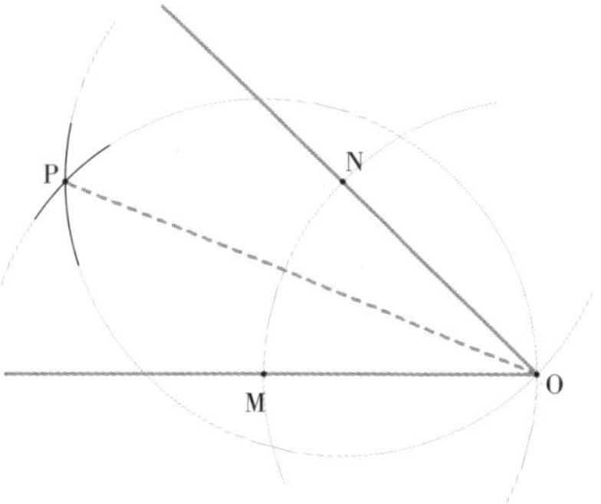

Le lecteur mathématicien remarquera que certaines de nos affirmations apparaissent plausibles et raisonnables, mais n'ont pas été prouvées. Il semble bien que la droite OP bissecte l'angle Ô, mais comment le démontrer ? Les triangles égaux (voir pages 44 - 45) nous aident à démontrer notre hypothèse. Traçons les segments NP et MP pour constituer les triangles OMP et ONP.

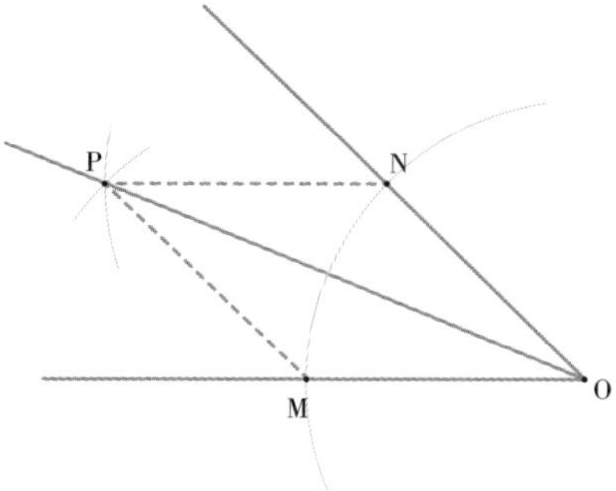

La construction indique que MO = NO et, similairement, MP = NP. Le segment OP est commun aux deux triangles et donc les triangles OMP et ONP sont égaux. On en déduit que les angles $\widehat{MOP}$ et $\widehat{NOP}$ sont égaux. Une démonstration similaire permet de démontrer que la construction de la médiatrice est exacte.

Encore plus parcimonieux

Le mathématicien danois Georg Mohr affirma que le compas seul suffisait pour ces constructions. En 1672 il démontra que si l'on a besoin d'une règle pour joindre deux segments, seul le compas est vraiment indispensable à la construction ! Lorenzo Mascheroni a confirmé cela un siècle après et, avec une certaine cuistrerie, il rédigea ses démonstrations en vers !

CONSTRUCTIONS 2

Avec une règle et un compas pour seuls outils, les disciples d'Euclide savaient construire un grand nombre de polygones, à commencer par le triangle équilatéral, aussi simple qu'important.

Construction d'un triangle équilatéral

Nous nous intéressons à la forme du triangle et non à ses dimensions. Prenons un segment AB d'une longueur arbitraire comme base.

Plaçons la pointe du compas en A et traçons un arc de cercle de rayon AB.

En gardant la même ouverture, plaçons le compas en B et traçons un autre arc de même rayon qui coupe le premier en C.

Traçons AC et BC pour terminer le triangle.

Comment savons-nous que les trois côtés ont la même longueur ? AC a la même longueur que AB car ce sont les rayons d'un même cercle. Pour la même raison, BC a la même longueur que AB. Donc AB = AC = BC et notre triangle est équilatéral.
À peu près évidente, cette petite « démonstration » est typique de la géométrie euclidienne : les résultats sont démontrés par un raisonnement logique plutôt que par des mesures. Cette logique, applicable à des triangles de toutes tailles, est plus convaincante

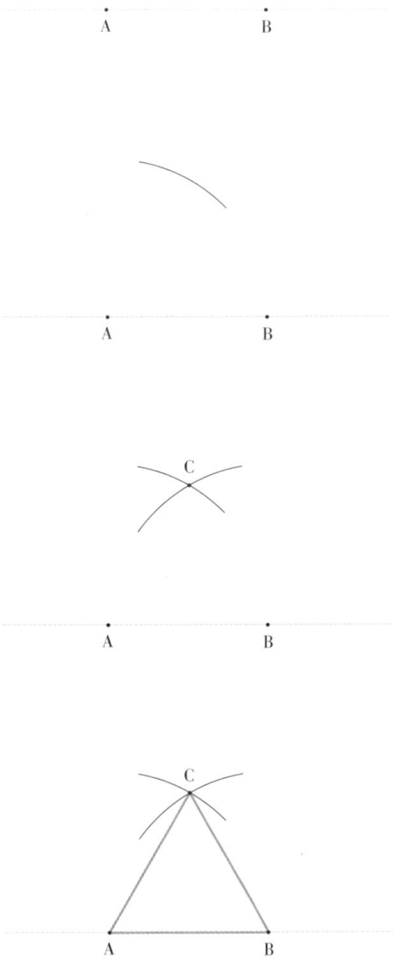

que des mesures réelles car le mathématicien sceptique pourrait argumenter: «Cela est valable dans ce cas particulier, mais comment pouvons-nous savoir si cela s'applique à des triangles de n'importe quelle taille?»

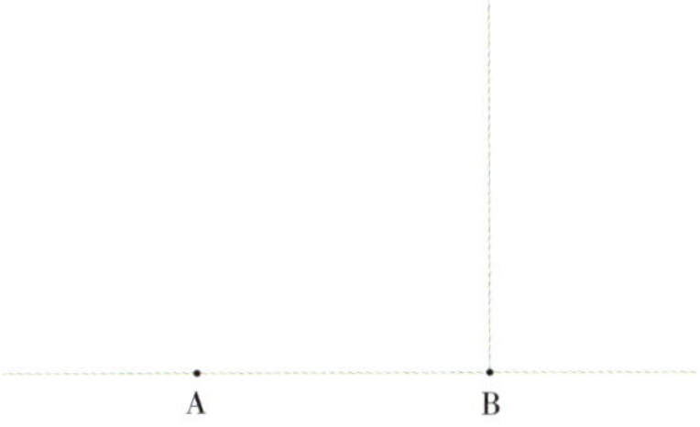

Construction d'un carré

Nous avons vu auparavant comment construire une droite perpendiculaire à une autre, c'est-à-dire faisant un angle droit avec elle (voir pages 14-15).
La longueur des côtés du carré sera égale à AB. Avec la pointe du compas en B et le crayon en A, traçons l'arc de rayon AB. Cet arc coupe la droite verticale en C.

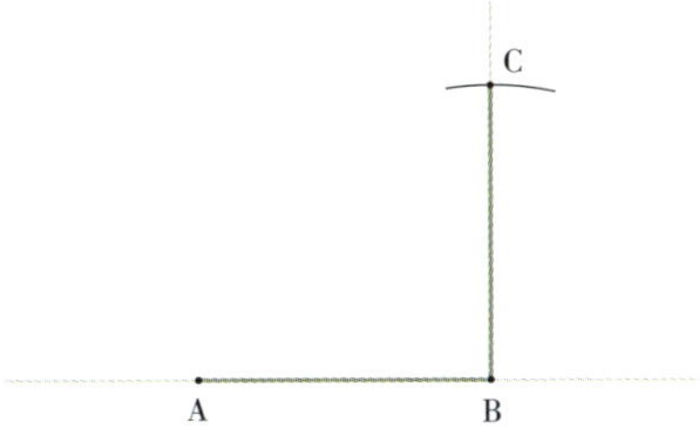

En gardant la même ouverture de compas, traçons un arc de cercle de centre A et un autre de centre C qui se coupent en D. En joignant avec la règle D et C, puis A et D, nous finissons la construction. En utilisant une logique similaire à celle qui a été utilisée pour le triangle équilatéral, nous démontrerions que tous les côtés ont la même longueur et que tous les angles sont des angles droits.

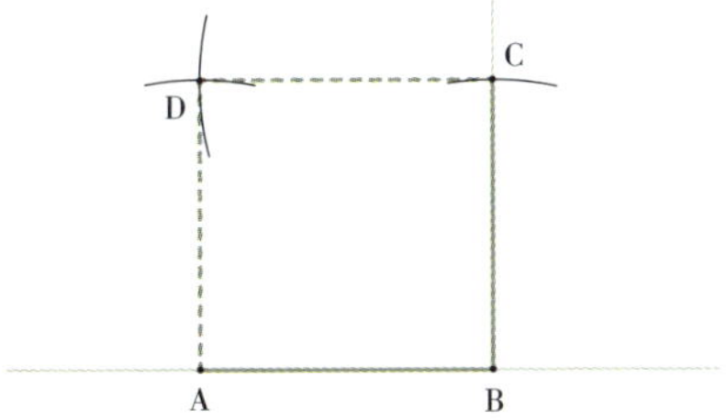

LA CONSTRUCTION D'UN PENTAGONE

La simplicité de la construction d'un triangle équilatéral et d'un carré pourrait nous faire croire que la construction d'un pentagone régulier (qui a cinq côtés) serait facile. Il n'en est rien: comme nous le verrons, la construction d'un pentagone n'est pas aisée du tout et a bloqué les mathématiciens pendant assez longtemps.

Portrait

Euclide

Euclide est le père de la géométrie. Neuf de ses « éléments » (livres) portent sur la géométrie plane et la géométrie dans l'espace ; les quatre autres traitent de la théorie des nombres. Le style des livres étant assez différent, il est probable qu'Euclide a travaillé avec d'autres mathématiciens qui ont tous contribué à l'écriture des *Éléments*. Chaque livre consiste en un certain nombre de définitions suivies par des théorèmes. Vous avez appris à l'école que les démonstrations de tels théorèmes se terminaient par QED (*Quod erat demonstratum*) ou, en français, CQFD (Ce qu'il fallait démontrer).

Jusqu'au XIXe siècle, la géométrie d'Euclide était la seule envisagée. Puis, quand les mathématiciens commencèrent à travailler avec d'autres géométries sur des surfaces courbes, ils utilisèrent le terme de géométrie euclidienne pour désigner la géométrie plane et le terme de géométrie non-euclidienne pour les autres.

La vie d'Euclide

Euclide est né environ 360 ans avant J.-C. et mort en 230 avant J.-C. On sait très peu de choses sur sa vie ; durant le règne de Ptolémée Ier, Euclide a enseigné les mathématiques à Alexandrie, en Égypte, où il a été l'élève des disciples de Platon et où Pythagore avait étudié. Il inspira Archimède et Ératosthène qui étudièrent aussi à Alexandrie après lui. Son travail principal, les *Éléments*, est fondé sur les travaux des mathématiciens et des philosophes qu'il avait étudiés, tels que Platon, Aristote, Eudoxe, Thalès, Hippocrate et Pythagore. On raconte que Ptolémée, quand on lui présenta les 13 livres des *Éléments* s'enquit s'il n'y avait pas une manière plus rapide d'apprendre la géométrie. Euclide lui répondit : « Il n'y a pas de voie royale pour la géométrie. »

Les théorèmes d'Euclide

Dans le livre I des *Éléments*, Euclide définit les 22 mots de base de la géométrie. Les trois premiers sont :

- Un point est ce dont la partie est nulle.

• Les œuvres d'Euclide

Des versions manuscrites des Éléments *circulaient en latin et en arabe, mais il fallut attendre le XVe siècle pour que les* Éléments *soient imprimés à Venise puis en Angleterre en 1570. Les* Éléments *eurent un effet notable sur l'étude des mathématiques en Europe et servirent dès le XVIIIe siècle à enseigner la géométrie, mais aussi la logique.*
En plus des Éléments, *cinq autres livres d'Euclide nous sont connus. Chacun d'entre eux a la même structure que les* Éléments *avec des définitions, des axiomes et des théorèmes. Ces livres portent sur des problèmes de géométrie, de rapports de longueurs, d'optique des miroirs, de sphères en mouvement, de perspective.*

• Une ligne est une longueur sans largeur.

• Les extrémités d'une ligne sont des points.

Puis, Euclide écrivit 10 axiomes constituant la base des mathématiques (les axiomes sont des affirmations que nous acceptons comme vraies). Il pensait que les axiomes ne pouvaient être considérés comme vrais sans qu'ils soient démontrés, aussi établit-il des étapes logiques pour les démontrer. Il divisa ses 10 axiomes en deux groupes de cinq. Les cinq premiers sont des notions communes à toutes les mathématiques. Les cinq autres sont des postulats spécifiques à la géométrie:

• On peut tracer un segment de droite en joignant deux points quelconques.

• On peut prolonger indéfiniment un segment de droite en une ligne droite.

• Étant donné un segment de droite quelconque, on peut tracer un cercle en prenant ce segment comme rayon et l'une de ses extrémités comme centre.

• Tous les angles droits sont égaux.

• Par un point extérieur à une droite, on ne peut mener qu'une parallèle à cette droite.

Les démonstrations géométriques des éléments sont fondées sur des constructions: on doit tracer des figures pour prouver les théorèmes en n'utilisant que la règle et le compas. La règle n'est pas graduée et les mesures ne peuvent être que des rapports mesurés au compas. Euclide empile les propositions, chacune donnant naissance à une autre, en commençant par la construction d'un triangle équilatéral. Cette démarche logique est dénommée la méthode axiomatique.

Voyons un exemple. Le théorème de la proposition 6 du livre I indique que si deux angles d'un triangle sont égaux, alors les côtés opposés à ces angles seront aussi égaux. Pour démontrer ce théorème, Euclide utilise une preuve par l'absurde, où l'on suppose que le résultat que l'on cherche est faux et on trouve que cela entraîne une conclusion absurde.

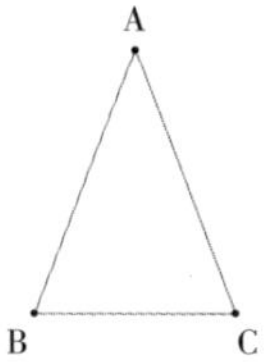

Théorème 6

Soit un triangle ABC où l'angle $\widehat{ABC}$ est égal à l'angle $\widehat{ACB}$. Dans ce triangle le côté AB est égal au côté AC.

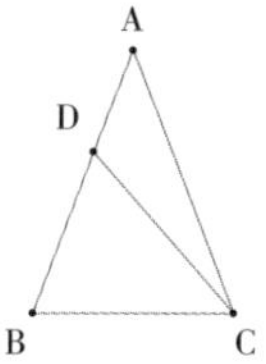

Si AB n'est pas égal à AC, alors l'une de ces longueurs est plus grande que l'autre.

Soit AB le plus long segment et AC le plus court. Sur AB traçons le point D tel que DB soit égal à AC. Traçons DC.

Le segment BC appartient aux triangles DBC et ACB. Les deux côtés DB et DC sont respectivement égaux aux côtés AC et CB. L'angle $\widehat{DBC}$ est égal à l'angle $\widehat{ACB}$.

BC est commun aux triangles DBC and ACB.

∴ Les deux triangles DBC et ACB sont égaux et ont la même aire, ce qui est absurde car l'un est contenu dans l'autre.

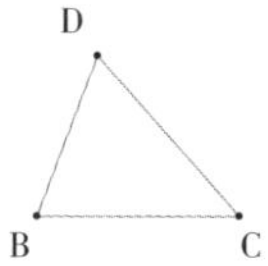

∴ L'hypothèse que AB n'est pas égal à AC est fausse, AB est égal à AC.

∴ Si deux angles d'un triangle sont égaux, alors les côtés opposés à ces angles sont égaux.

Exercice 1

L'horloge florale

PROBLÈME

Éléonore veut faire une horloge florale dans son jardin et pense que la géométrie l'aiderait à marquer les 12 points représentant les heures. Elle désire construire les 12 points avec la règle et le compas seulement. Comment construira-t-elle le polygone de 12 côtés, le dodécagone?

DÉMARCHE

Nous savons construire un triangle équilatéral; si nous assemblons six de ces triangles nous obtenons un hexagone.

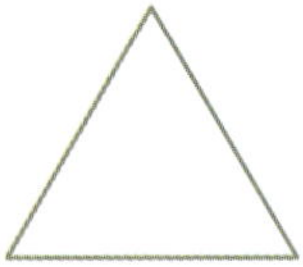

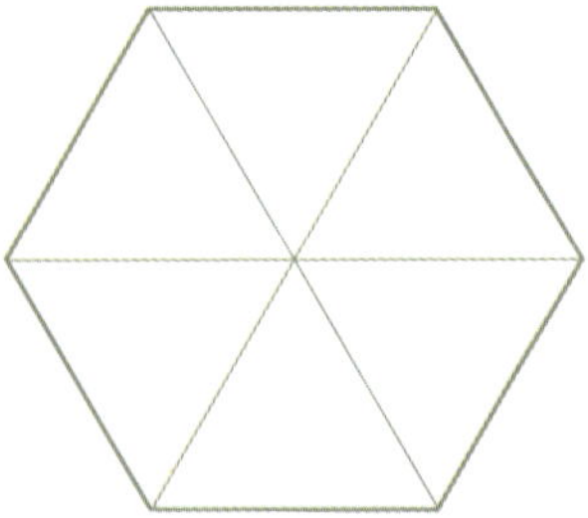

Nous pouvons construire l'hexagone sans nous embêter à construire d'abord les six triangles. Souvenons-nous comment nous avons construit un triangle équilatéral en maintenant fixe l'ouverture d'un compas et en traçant des arcs de cercle pour construire des côtés de même longueur (voir page 16). Commençons donc par tracer un cercle. En gardant la même ouverture du compas, nous plaçons la pointe n'importe où sur le cercle et nous traçons un arc de cercle. Nous déplaçons la pointe du compas à chaque intersection et nous traçons six arcs de cercles de façon à obtenir six points également espacés le long du cercle.

Nous joignons ces six points pour tracer l'hexagone.

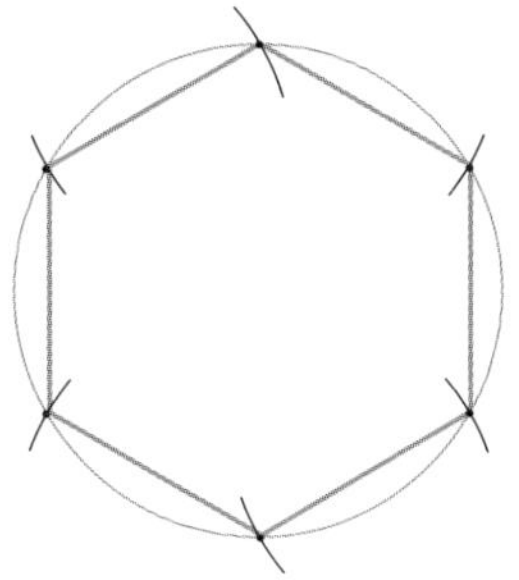

Nous avons vu auparavant comment tracer la médiatrice d'un segment. Éléonore trace la médiatrice de tous les côtés de l'hexagone et marque les points d'intersection avec le cercle.

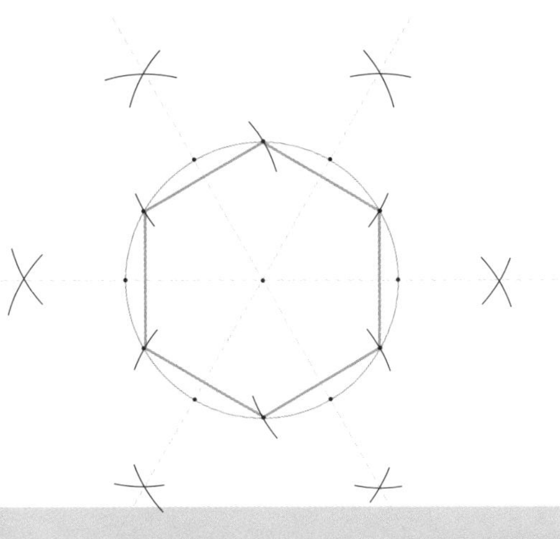

En traçant les segments qui joignent deux à deux les 12 points consécutifs, nous obtenons le dodécagone.

SOLUTION

Éléonore a construit le polygone à 12 côtés à partir de l'hexagone à 6 côtés. En divisant en deux parties égales les côtés de l'hexagone, elle a marqué les 12 points le long de la circonférence du cercle, points qui constituent les sommets du dodécagone.

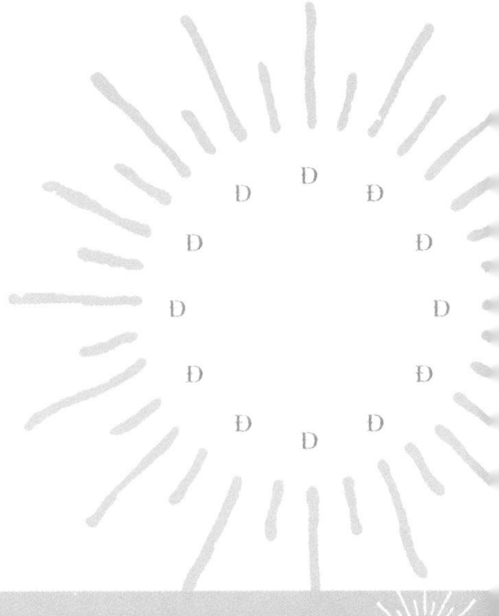

Exercice 2

Le plateau de table

PROBLÈME

Bastien le menuisier doit construire un plateau de table de la forme d'un pentagone régulier. En n'utilisant que la règle et le compas, comment Bastien construira-t-il un pentagone parfait? Peut-il généraliser la méthode?

DÉMARCHE

Bastien avait construit un plateau hexagonal en assemblant six triangles équilatéraux, aussi pense-t-il qu'avec cinq triangles isocèles il pourra construire un pentagone.

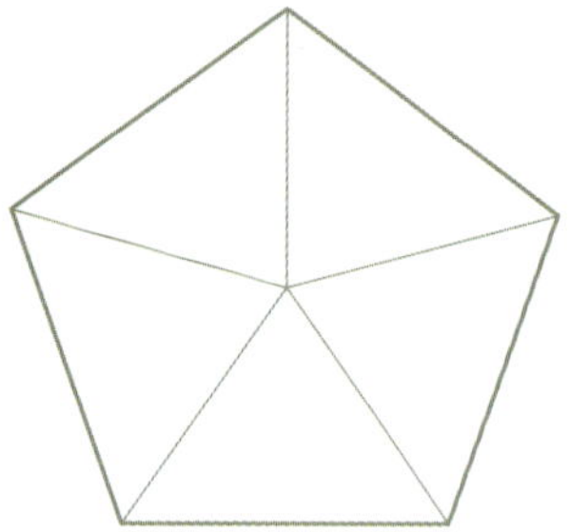

La somme des cinq angles au centre du pentagone est égale à 360°. Aussi les angles au sommet des triangles isocèles sont-ils égaux à 72°. Ce n'est pas l'angle le plus facile à construire avec un compas. Bastien se demande s'il ne serait pas plus facile de construire un polygone régulier à 10 côtés (un décagone). Si cela est vrai, il pourra construire le pentagone en joignant, dans le décagone, un sommet sur deux. L'angle au sommet des 10 triangles isocèles qui sont assemblés pour constituer un décagone vaut 36°. La somme des deux autres angles de ce triangle vaut 180°– 36° = 144°. Chaque angle à la base des triangles isocèles vaut 72°, et voilà encore cet angle difficile à construire ! En divisant l'angle Â en deux parties égales, nous obtenons à nouveau l'angle de 36°.

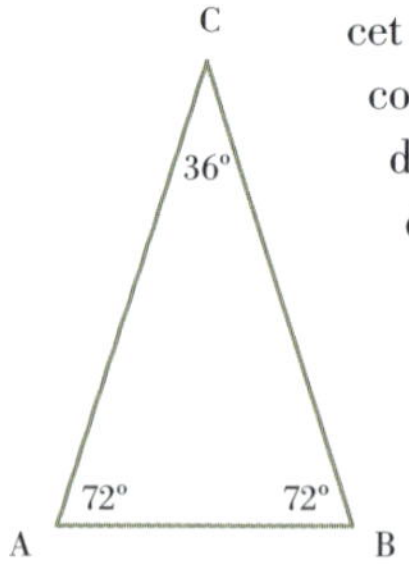

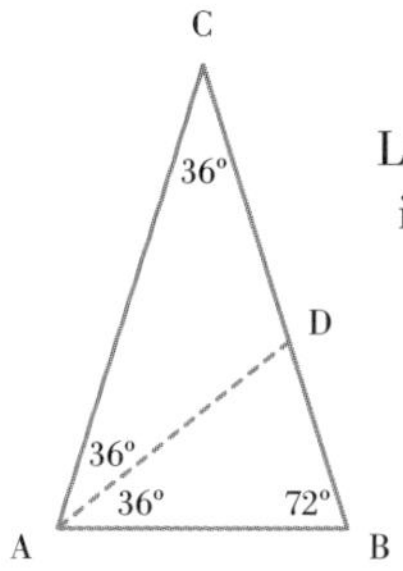

Le triangle ACB est isocèle, d'angle au sommet 36° et d'angles de base 72°. Le triangle ABD à un angle de 36° et un autre de 72°; ceci fait que le troisième angle vaut 180° – (36°+72°) = 72°. Nous avons là un autre triangle isocèle semblable au triangle ACB. Les triangles ACB et ABD étant semblables, leurs côtés sont proportionnels. Fixons la longueur des côtés AC et BC égale à une unité et la longueur AB égal à x. Alors les longueurs AD et CD sont aussi égales à x. Donc la longueur BD est égale à $1 - x$.

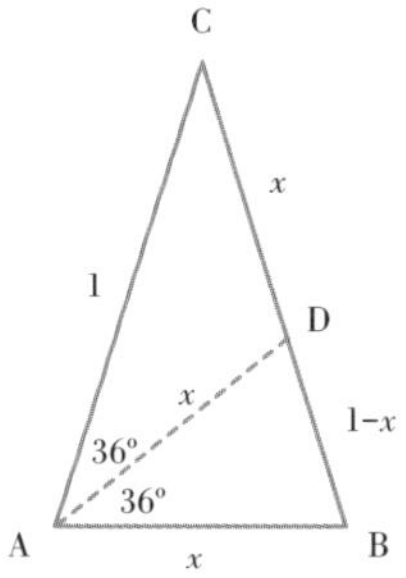

Comparons le rapport des côtés des triangles ACB et ABD. Nous obtenons :

$$\frac{1}{x} = \frac{x}{(1 - x)}$$

La valeur de x est reliée au nombre d'or (voir pages 64-65) :

$$x = \frac{(\sqrt{5} - 1)}{2}$$

Nous devons maintenant construire la longueur $\sqrt{5}$. Nous pouvons d'abord construire un triangle rectangle de côté unité dont l'hypoténuse vaut $\sqrt{2}$.

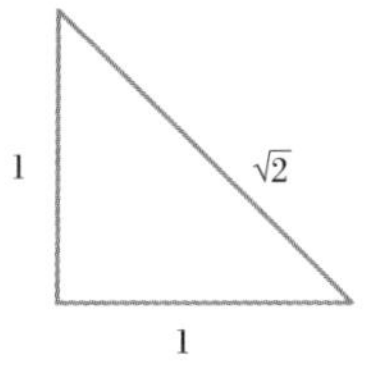

Dans le second triangle, d'après le théorème de Pythagore (voir p. 54-55), nous avons :

$$x^2 = (\sqrt{2})^2 + 1^2 = 2 + 1$$

$$\text{Donc } x = \sqrt{3}$$

En continuant de cette façon nous obtenons $\sqrt{5}$.

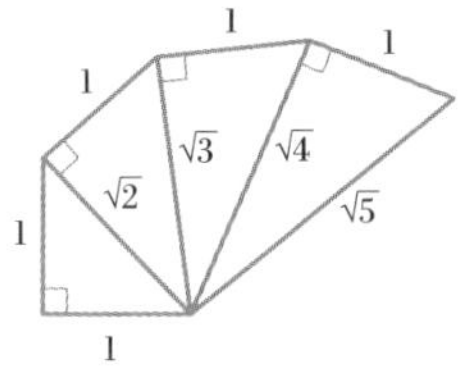

SOLUTION

Bastien utilise son compas pour déterminer une longueur $\sqrt{5}$, soustrait une longueur d'une unité et divise par 2 le segment ainsi obtenu. Bastien a alors la base de son triangle. Ouvrant son compas d'une longueur unité, il peut alors construire les 10 triangles isocèles qui vont constituer le décagone. En reliant un sommet du décagone sur deux il obtiendra un pentagone régulier.

LA MALÉDICTION DU SEPT

Armés de la règle et du compas, les géomètres ont su construire les polygones à trois, quatre et six côtés, et, en se donnant un peu de mal, le pentagone régulier. En adaptant ces méthodes, pouvaient-ils construire un polygone régulier à un nombre quelconque de côtés ?

Un facile doublement des côtés

En bissectant des angles et des longueurs, Euclide montra que le nombre de côtés d'un polygone pouvait toujours être doublé. Le carré engendre l'octogone, l'octogone un polygone régulier à 16 côtés et les polygones à 32, 64 côtés, etc. Ces nombres sont des puissances de 2 (2 multiplié par lui-même un certain nombre de fois).

Ainsi, 2 multiplié par lui-même 5 fois, $2 \times 2 \times 2 \times 2 \times 2$, est noté 2^5. Le carré ayant 4 côtés, le nombre de côtés des polygones obtenus a 4 fois une puissance de deux, 4×2^n.

Si n égal 7, alors $2^7 = 128$ et $4 \times 128 = 512$: nous savons construire un polygone régulier à 512 côtés. À partir d'un triangle, le nombre de côtés des polygones obtenus est 3 fois une puissance de 2, soit l'hexagone, le dodécagone, le polygone à 24 côtés, à 48 côtés, etc., constituant les polygones à 3×2^n côtés. En partant du pentagone, nous savons construire aussi les polygones à 5×2^n côtés. Hélas, tous les nombres ne s'expriment pas sous la forme 2^n fois un nombre entier, par exemple 7, 9 ou 15. Pouvons-nous cependant construire ces polygones ?

Le polygone à 15 côtés

Comme $3 \times 5 = 15$ nous pouvons peut-être associer les constructions du triangle et du pentagone pour obtenir un polygone régulier à 15 côtés. Nous savons (p. 22–23) que nous pouvons construire nos polygones comme la combinaison de triangles isocèles égaux jointifs par leur sommet. Pour 15 triangles, l'angle au sommet de chaque triangle est égal à $360°/15 = 24°$. Donc si nous savons construire un angle de 24° nous sommes sauvés.

Commençons avec notre pentagone dans le cercle et marquons aussi les points aux sommets d'un hexagone dont les côtés ont le même rayon que le cercle. En joignant un point sur deux de l'hexagone, nous obtenons un triangle équilatéral. La distance CF semble égale au tiers de la distance entre A et B.

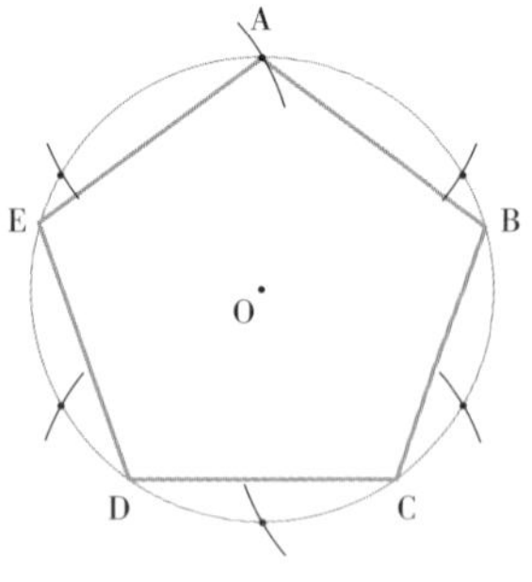

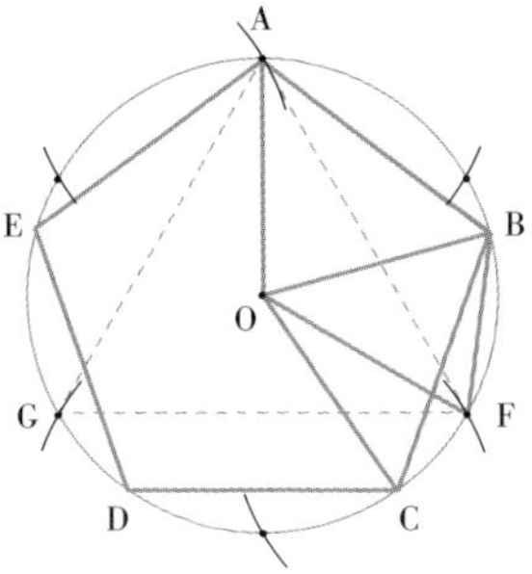

Montrons que l'angle $\widehat{COF}$ est égal à 24°. L'angle $\widehat{AOF}$ est égal à 120° et l'angle $\widehat{AOB}$ égal à 72° (puisque c'est l'angle au sommet des triangles constituant le pentagone régulier ABCDE). Aussi l'angle $\widehat{BOF}$ est égal à 120° − 72° = 48°. Il s'ensuit que l'angle $\widehat{BOC}$ est aussi égal à 72° et que l'angle $\widehat{COF}$ est bien égal à 72° − 48° = 24°.
Ainsi l'arc $\overset{\frown}{CF}$ nous permet de construire un polygone à 15 côtés. En ouvrant le compas sur CF et en reportant cet arc le long de la circonférence, nous obtenons bien les sommets du polygone à 15 côtés. Cette approche se généralise et nous pouvons associer de nombreuses paires de polygones. Nous pouvons superposer, par exemple, un octogone et un pentagone pour construire un polygone à 40 côtés. Voulons-nous un polygone à 60 côtés ? Superposons un pentagone et un dodécagone.

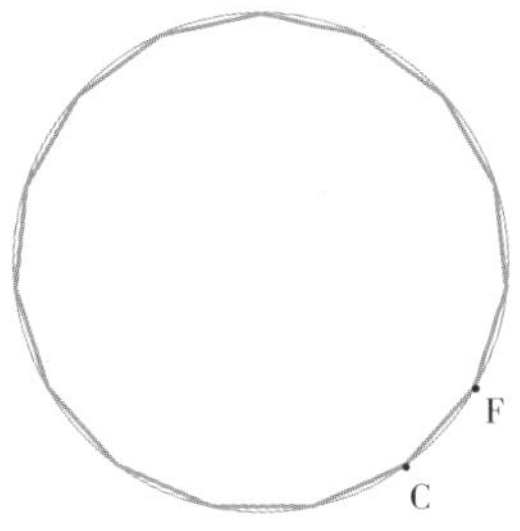

De telles combinaisons ouvrent de multiples possibilités de construction, mais nous n'avons toujours pas construit le polygone régulier à 7 côtés. Ne soyons pas trop désappointés, Euclide n'a pas réussi non plus.

Gauss, mathématicien prodigieux

Pendant plus de 1 000 ans après la mort d'Euclide, les mathématiciens s'acharnèrent sans succès à construire un heptagone. Jusqu'à ce que, en 1796, Carl Friedrich Gauss (voir p. 96-97) s'intéresse au problème. En réalité, Gauss ne construisit pas un heptagone mais un polygone régulier à 17 côtés, l'heptadécagone, qui avait aussi échappé à la sagacité d'Euclide. Gauss, à l'âge de 17 ans, montra par cette construction que l'heptagone ne pouvait pas être construit avec la règle et le compas, et qu'un polygone ayant un nombre premier p de côtés (comme 7, 11, 13, 51…) ne peut être construit que si le nombre premier p est de la forme :

$$p = 2^{2^n} + 1$$

Les nombres de cette forme, dénommés nombres de Fermat, ne sont pas tous premiers.
Ce premier succès convainquit Gauss qu'il devait devenir mathématicien et non linguiste. Fier de cette démonstration, pendant toute sa vie il souhaita avoir un polygone à 17 côtés sur sa tombe. Mais le tailleur de pierre refusa car un tel polygone ressemblerait trop à un cercle. En compensation, on érigera une statue en l'honneur de Gauss dans la ville de Göttingen en Allemagne sur un socle de 17 côtés.

Exercice 3

La quadrature du (presque) carré

PROBLÈME

Le problème de la «quadrature du cercle» est connu depuis l'Antiquité : pour un cercle donné, comment construire le carré qui a exactement la même aire ? Il a été démontré que ce problème était impossible : pi est un nombre irrationnel (il n'est pas égal à une fraction, voir pages 30-31).
Un défi similaire était de remplir la surface d'un carré avec d'autres carrés, tous de tailles différentes. Bien que ce ne soit pas tout à fait un carré, pouvez-vous remplir un rectangle 32 × 33 avec neuf carrés (de côtés 1, 4, 7, 8, 9, 10, 14, 15, 18) ?

DÉMARCHE

Une méthode astucieuse consiste à placer d'abord le carré 18 × 18, le plus encombrant, en haut et à droite (figure A). Les longueurs des côtés du rectangle sont égales à 32 et 33, et donc les carrés 14 et 15 peuvent être disposés comme indiqué sur la figure B.
Pour combler la longueur de 17 à la base du carré, on pourrait placer les carrés 10 et 7 (figure C), mais alors les autres carrés ne peuvent pas être arrangés autour.

A

B

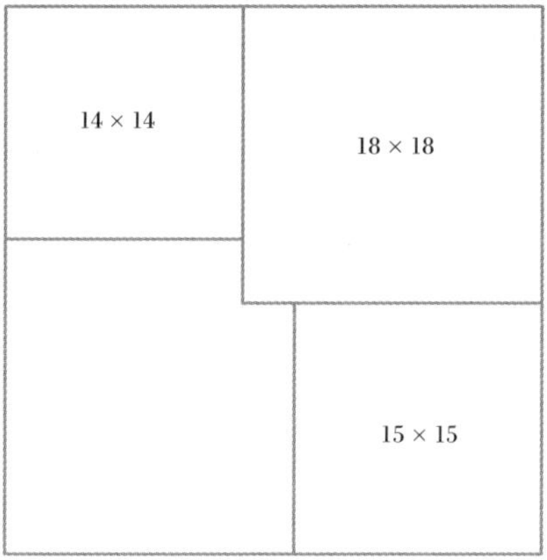

C

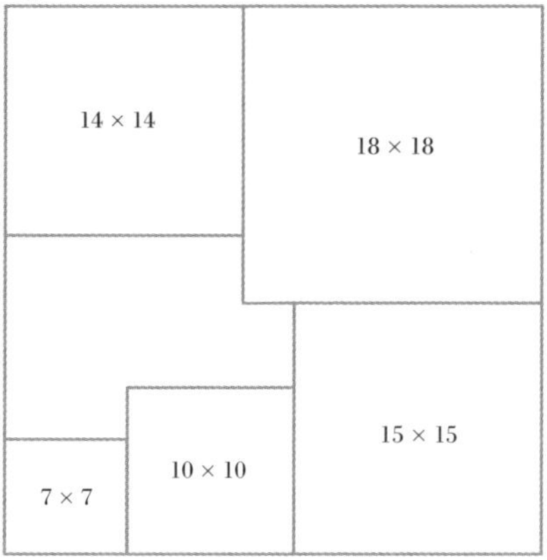

D

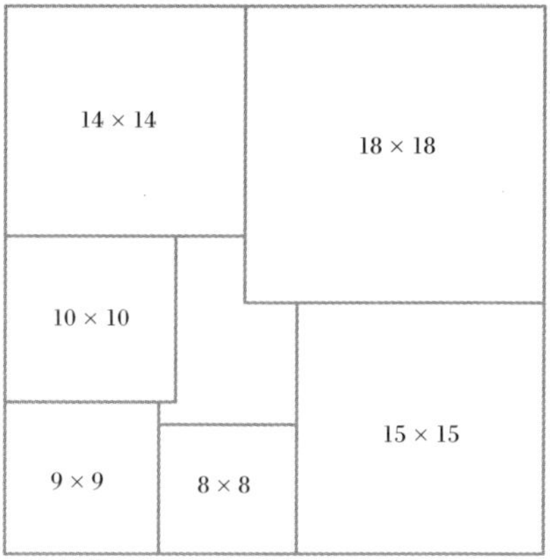

E

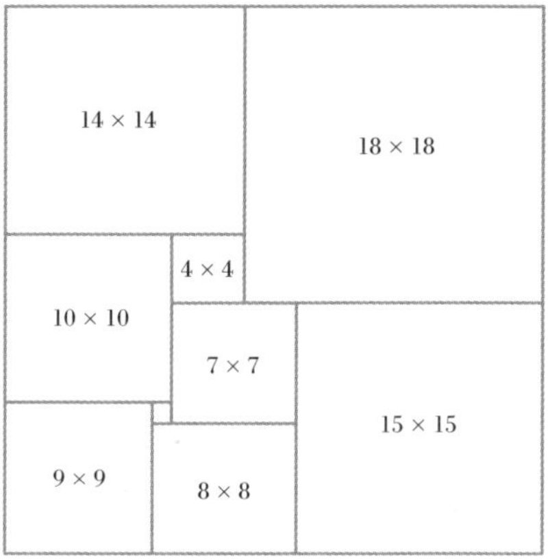

Essayons avec les carrés 9 et 8 (figure D). Le carré 10 doit être placé au-dessus du carré 9, donc il nous faut remplacer le carré 9 dans le coin gauche inférieur et le carré 10 au-dessus. Nous pouvons alors placer les carrés 7, 4 et 1.

SOLUTION

Le résultat est la figure E. Le puzzle du «rectangle carré» a été publié pour la première fois par Zbignew Moròn en 1925. Pendant de nombreuses années personne n'a réussi à paver un véritable carré avec des carrés de tailles différentes. En 1939, Roland Sprague a su paver un carré avec 55 carrés différents. En 1948, Theophilus Willcocks utilisa 25 carrés différents pour remplir un carré. Adrianus Duijvestjin a rempli un carré 112 × 112 avec 20 carrés différents, le plus petit nombre connu aujourd'hui. Les carrés utilisés ont pour côté : 2, 4, 6, 7, 8, 9, 11, 15, 16 17, 18, 19, 24, 25, 29, 33, 35, 37, 42, 502, 4, 6, 7, 8, 9, 11, 15, 16, 17, 18, 19, 24, 25, 29, 33, 35, 37, 42, 50.

Portrait

Gottfried Leibniz

Leibniz était un logicien, philosophe et mathématicien allemand qui contribua à d'étonnants progrès dans un grand nombre de domaines. En mathématiques, il émit de nouvelles théories en topologie, arithmétique binaire, calcul, logique symbolique, théorie de la découverte et de la validité des preuves. En sciences, il travailla sur différents concepts: force, énergie, dynamique des corps, technologies, relativité de l'espace. Il écrivit aussi en philosophie, en métaphysique et en théologie. Conservateur de la bibliothèque du duc de Brunswick, il inventa une méthode de référencement des livres dans une bibliothèque, qu'il appliqua à plus de 100000 livres. Il travailla aussi à une encyclopédie de tout le savoir humain et écrivit des poésies en latin.

Dans ses écrits philosophiques sur la nature de Dieu, Leibniz écrivit la célèbre phrase: «Le meilleur des mondes possibles.» Pour Leibniz, Dieu avait créé un monde équilibré entre le bien et le mal de façon que le mal soit finalement éradiqué au profit du bien. Voltaire se moquait de cette philosophie optimiste dans son roman *Candide*, où le Dr. Pangloss caricature Leibniz et son optimisme, même dans les pires circonstances de la vie.

• Leibniz était un génie qui étudia la logique, les mathématiques, la mécanique, la géologie, la théologie, le droit, la philosophie, l'histoire et la linguistique.

La vie de Leibniz

Gottfried Leibniz (1646-1716) est né à Leipzig, d'un père qui était professeur de philosophie à l'université de Leipzig et mourut quand Leibniz n'avait que six ans. Leibniz fut élevé par sa mère. Il étudia dans les livres de la grande bibliothèque de son père, entra à l'université à 14 ans et à 20 ans obtint un doctorat de droit.

En 1667, Leibniz alla à Francfort pour travailler avec un producteur privé, le baron Johann Christian von Boineburg. Pour le baron, il entreprit un certain nombre de projets en sciences, en littérature, en politique et en droit. Il était bien introduit à la cour et un de ses contemporains le loua en ces termes: «Il est rare qu'un savant soit propre, ne pue pas et ait le sens de l'humour.» En 1672, Leibniz se rendit à Paris, où il rencontra des mathématiciens, des scientifiques et des philosophes de grand renom. Il alla ensuite à Londres, où il présenta une machine à calculer qu'il avait conçue et fabriquée (elle est maintenant au musée d'État de Hanovre) et fut élu membre de la Royal Society.

À la mort du baron, Leibniz travailla à Hanovre pour un nouveau mécène, le duc de Brunswick. Il fut l'administrateur de ses biens et son bibliothécaire,

«Il est rare qu'un savant soit propre, ne pue pas et ait le sens de l'humour.»

Anonyme

tout en poursuivant ses études d'hydraulique, de moulins à vent, de pompes, de presses, de lampes, de sous-marins, de montres, de moyens de transport. Il étudia aussi le système binaire de numération et le calcul différentiel et intégral. Son nouveau protecteur, le frère du duc, demanda à Leibniz d'écrire l'histoire de la Maison de Brunswick. Leibniz voyagea dans toute l'Europe pour ces recherches historiques, mais il s'intéressa surtout à ses propres sujets d'études. Lors de ses voyages, il rencontra des personnalités influentes de nombreuses cours d'Europe. En 1712, il était rémunéré par cinq cours d'Europe et beaucoup trop occupé pour être utile à aucune d'entre elles. Le duc de Brunswick lui intima alors de revenir à Hanovre pour achever l'histoire de la Maison de Brunswick. Leibniz mourut en 1716 alors qu'il travaillait encore à la rédaction des trois derniers volumes de cette histoire.

La dispute avec Newton

En 1676, Leibniz se rendit à la Royal Society de Londres, où on lui montra un manuscrit non publié de Newton sur le calcul différentiel (où Newton traitait de «fluxions»). Leibniz publia ses propres idées sur le calcul différentiel huit ans après, en 1684. Newton ne publia son travail sur les «fluxions» qu'en 1693 et une version plus complète en 1704. Newton et ses admirateurs accusèrent Leibniz de plagiat, argumentant que ce dernier avait lu le manuscrit de Newton. Leibniz répondit qu'il avait déjà élaboré le calcul différentiel et montra ses écrits sur le sujet datant de 1675. Il semble que tous deux aient mis au point les mathématiques séparément, chacun connaissant les travaux de l'autre. Puis Newton et Leibniz développèrent leurs propres mathématiques dans des directions légèrement différentes. Tous deux avaient compris que trouver la tangente à une courbe en un point (dérivation) est l'inverse de trouver l'aire sous la courbe (intégration). Leibniz établit les notations qui sont encore utilisées aujourd'hui, le signe intégral $\int$ et le signe de différenciation *d*.

Le débat continua après la mort de Leibniz. Newton était populaire et l'opinion était contre Leibniz. Ces accusations, ajoutées au portrait ravageur de Voltaire, diminuèrent beaucoup l'appréciation de l'œuvre de Leibniz, qui resta ignoré jusqu'à la fin du XVIIIe siècle. Il n'en reste pas moins que le calcul intégral et différentiel fut un pas de géant en physique, chimie, ingénierie, économie, sociologie, tous les domaines où l'on relie les variations d'une quantité à d'autres.

• Une des deux machines à calculer qui date du temps de Leibniz.

PI

Depuis l'école, nous connaissons tous le nombre pi et son symbole, π. Nous nous souvenons qu'il vaut à peu près 22/7, soit environ 3,141. Les mathématiciens grecs savaient beaucoup de choses sur pi, mais ils ne s'intéressaient pas au nombre lui-même. Pour eux, le nombre π n'avait qu'une valeur géométrique, reliant un cercle à son aire et à sa circonférence.

Le rapport de la circonférence au diamètre

Il y a bien longtemps les géomètres comprirent que la longueur de la circonférence d'un cercle valait environ trois fois son diamètre. Dans le papyrus Rhind, pi était égal au carré de 16/9, soit 3,16049. Les Babyloniens avaient calculé que le rapport était légèrement supérieur à 3 et utilisaient 3 1/8, très proche de l'approximation que l'on donne dans les livres d'école, 3 1/7. Au IIIe siècle de notre ère, le mathématicien chinois Liu Hui inscrivit un polygone de 292 côtés dans un cercle, puis un autre polygone de 3 072 côtés pour calculer pi. Il trouva 3,141024.

Archimède montra que π était compris entre 3 10/71 et 3 1/7. Comme nous l'avons vu, les géomètres grecs étaient compétents pour construire des polygones en utilisant le compas et la règle. Archimède calculait la circonférence d'un cercle en l'insérant entre un polygone inscrit (dont les sommets étaient sur le cercle) et un polygone circonscrit (dont les côtés étaient tangents au cercle). Il est facile de commencer le calcul avec des hexagones inscrits et circonscrits (voir pages 20-21).

Si le rayon d'un cercle est égal à une unité, alors le périmètre de l'hexagone

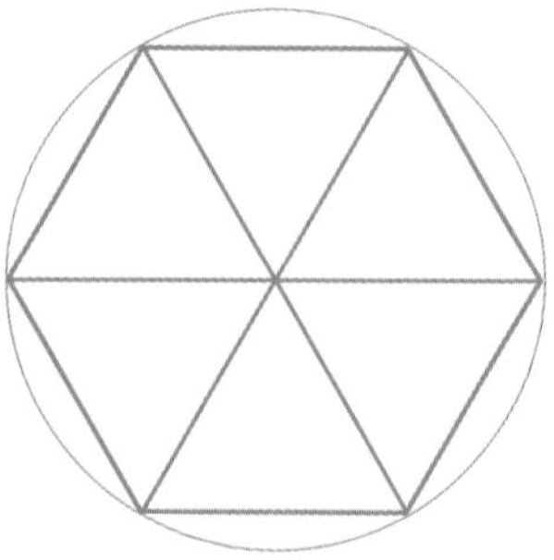

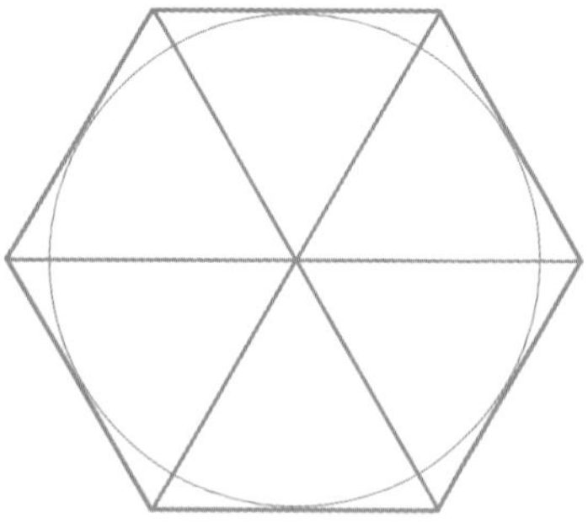

inscrit est égal à 6 ; cela fait que la circonférence est supérieure à trois fois le diamètre. Nous utiliserons le théorème de Pythagore pour calculer la longueur du côté de l'hexagone circonscrit. Si la longueur du côté de cet hexagone est R, le fait qu'il touche le cercle à la moitié d'un côté nous permet de tracer le triangle suivant :

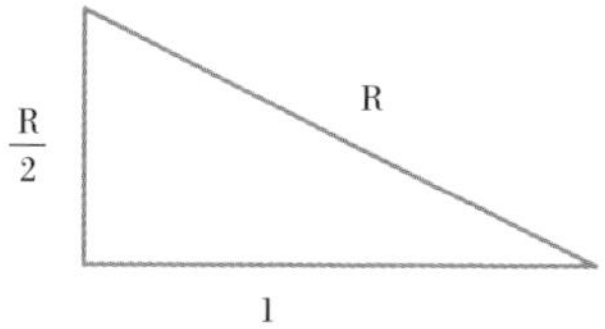

Utilisation du théorème de Pythagore

$$R^2 = \left(\frac{R}{2}\right)^2 + 1^2$$

$$R^2 = \left(\frac{R^2}{4}\right) + 1$$

$$\frac{3}{4}R^2 = 1$$

$$R^2 = \frac{4}{3}$$

$$R = \frac{2}{\sqrt{3}}$$

R vaut environ 1,15.
Aussi le périmètre de l'hexagone circonscrit vaut un peu moins que 7, soit 3 fois et demie le diamètre du cercle. Archimède connaissait la méthode pour doubler le nombre des côtés d'un polygone régulier et, en construisant des polygones de plus en plus grands, il calculait la valeur de π.

Ainsi il utilisa des polygones à 12, 24, 48 et finalement à 96 côtés pour améliorer son approximation de π. Il utilisa une méthode similaire pour calculer l'aire d'un cercle (voir pages 72-73).

Le calcul moderne de pi

Avec des programmes adaptés, les spécialistes calculent plusieurs milliards de décimales de π. Comme pi est un nombre irrationnel, nous ne connaîtrons jamais entièrement sa valeur.
Les experts en calcul mental retiennent des milliers de décimales de π. Le chinois Chao Lu détient le record avec 67 890 décimales de pi, qu'il a récitées en novembre 2005 au cours d'une séance de 24 heures et quatre minutes. Si vous êtes moins ambitieux, vous vous souviendrez des premières décimales de pi en retenant la phrase : *Que j'aime à faire connaître ce nombre utile aux sages.* Les nombres de lettres des différents mots indiquent les décimales, en ne comptant pas l'apostrophe : 3,1415926535.

Exercice 14

Parterre de fleurs

PROBLÈME

Madeleine a un parterre de fleurs de forme circulaire entouré d'arceaux en bois. Elle veut redessiner sa platebande en un demi-cercle et deux demi-cercles de rayon moitié.

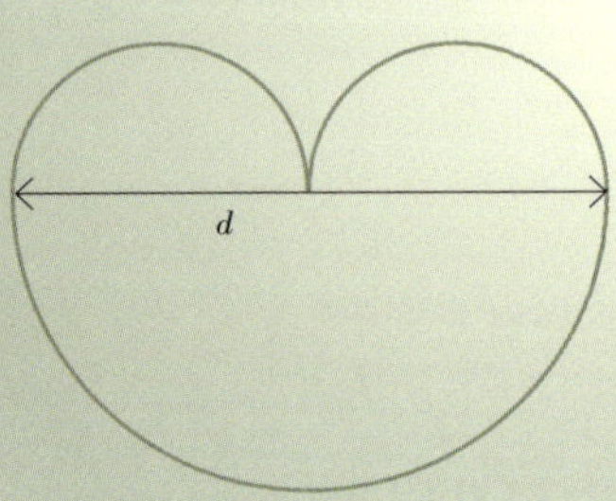

Les arceaux de la bordure sont relativement coûteux. Par rapport au cercle initial, quelle est la longueur supplémentaire à acheter?

DÉMARCHE

Le périmètre du cercle est égal à πd, où d est la longueur du diamètre du cercle. Le périmètre d'un demi-cercle est égal à $\pi d/2$.

Les diamètres de chaque petit cercle sont la moitié du diamètre du grand cercle original. Le périmètre de chaque petit demi-cercle est égal à $\pi d/2$ divisé par 2 soit $\pi d/4$. Le périmètre total du nouvel arrangement est $\pi d/2$ plus deux fois le périmètre de chaque petit demi-cercle, $2 \times \pi d/4 = \pi d/2$. Au total, le périmètre de la nouvelle disposition du parterre de fleurs est πd, égal au périmètre initial du cercle entier. Madeleine n'a pas à acheter de nouveaux arceaux pour la bordure. Encouragée par ce succès, Madeleine veut maintenant placer trois petits demi-cercles de diamètres d_1, d_2, d_3 différents. La longueur du périmètre sera-t-elle encore égale à πd ?

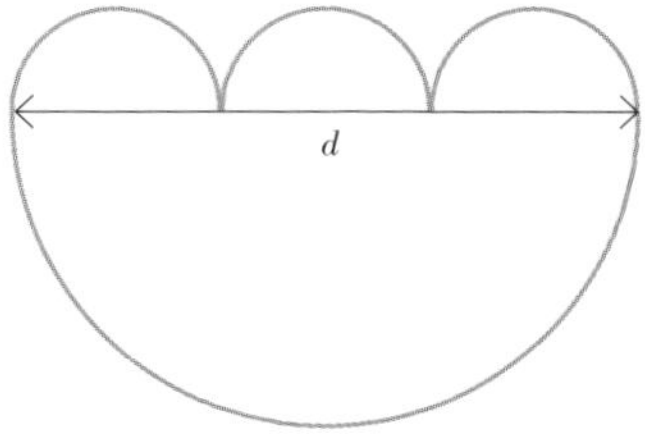

• Le périmètre total des trois petits demi-cercles est égal au périmètre du grand demi-cercle.

La somme des périmètres des trois petits cercles est $\pi d_1/2 + \pi d_2/2 + \pi d_3/2$ égal à $\pi(d_1 + d_2 + d_3)/2$. Comme $d_1 + d_2 + d_3$ est égal à d, le périmètre total avec le grand demi-cercle est $\pi d/2 + \pi d/2 = \pi d$. Le périmètre des quatre demi-cercles est à nouveau égal à celui du cercle initial. Pourquoi s'arrêter en si bon chemin ? Quels que soient le nombre et le diamètre des petits cercles, du moment qu'ils sont jointifs sur toute la longueur du diamètre du grand cercle, le périmètre total sera toujours le périmètre du grand cercle initial.
Imaginons que nous placions de plus en plus de petits demi-cercles, jusqu'à une infinité de demi-cercles ! Les petits demi-cercles seront si petits qu'ils sembleront former un segment de droite. Pourtant, la distance le long du diamètre du grand cercle est la même que la somme des longueurs du nombre infini des demi-cercles, c'est-à-dire $\pi d/2$ supérieure à d. Nous avons là un paradoxe.
Ce paradoxe est typique des choses bizarres qui se passent quand l'infini entre en jeu. Ce qui est vrai dans le monde réel peut ne pas être vrai à l'infini.

SOLUTION

Madeleine peut disposer autant de petits demi-cercles qu'elle veut le long du demi diamètre, le périmètre total de tous les demi-cercles sera égal à celui du cercle initial. Ni plus, ni moins.

Exercice 5

Surprenant écart

PROBLÈME

Supposons que la Terre soit parfaitement sphérique et aussi lisse qu'une énorme balle de ping-pong. Imaginons qu'autour de l'équateur il y ait un ruban qui entoure parfaitement la Terre.

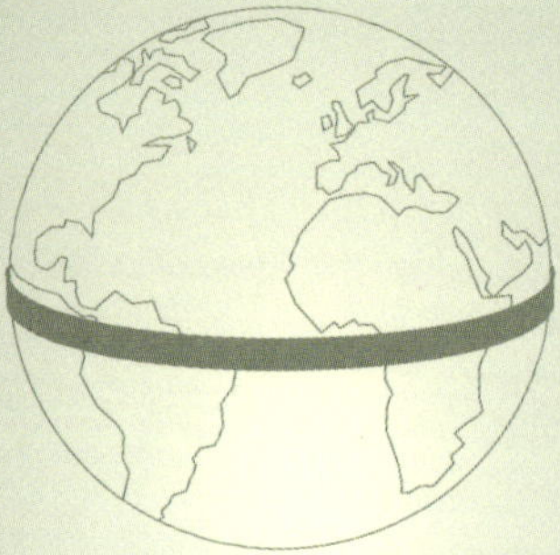

Coupons le ruban et allongeons-le d'un mètre ; par un processus assez difficile à réaliser, ce mètre additionnel est réparti uniformément le long de l'équateur, laissant un espace constant entre la Terre et le ruban.

La question est : que pouvons-nous insérer entre le ruban et la Terre ? Un cheveu, une feuille de papier, une pièce de monnaie, une souris, un chat, un chien, un cheval ?

DÉMARCHE

La circonférence de la Terre est d'environ 40 000 km, aussi ajouter un mètre au ruban semble relativement insignifiant. L'intuition nous incite à croire que l'écart entre la Terre et le ruban sera extrêmement petit, même pas l'épaisseur d'un cheveu. Toutefois, calculons !

Désignons par R le rayon du cercle exprimé en mètre. La longueur première du ruban est égale au diamètre de la Terre multiplié par pi, soit :

$$\pi d = 2\pi R.$$

L'ajout d'un mètre à la longueur du ruban correspond à une augmentation du rayon d'une valeur égale à r.

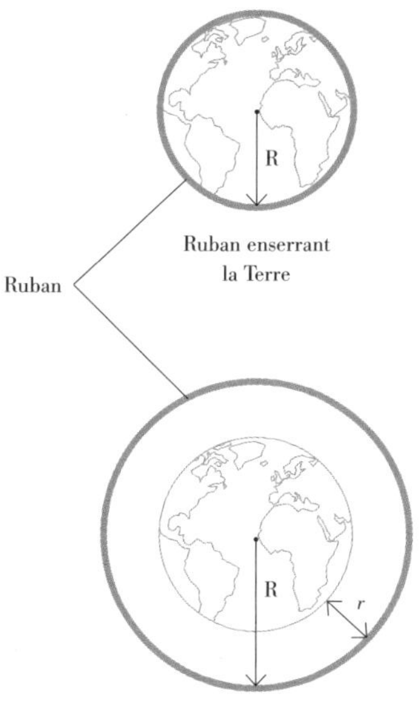

Ruban auquel on a ajouté un mètre.
Calculez r.

Le rayon vaut maintenant $R + r$ et la circonférence du ruban :

$$2\pi (R + r) = 2\pi R + 2\pi r = 2 \pi R + 1.$$

Il s'ensuit que $r = 1/2\pi$, soit environ 0,16 mètre.

Ce nombre est étonnamment grand, et il ne dépend pas de la dimension de la sphère. Si nous disposons un ruban autour d'une balle de tennis et que nous le rallongeons d'un mètre, l'écart entre la surface de la balle et le ruban sera le même que si nous avions effectué la même opération autour du Soleil.

SOLUTION

Ajouter un mètre à un ruban autour d'une sphère crée un écart, uniformément réparti entre la sphère et le ruban, égal à environ 16 centimètres, quelle que soit la taille de la sphère initiale.

Portrait

René Descartes

René Descartes était un philosophe français, mathématicien et grand scientifique. Son argumentation célèbre *Cogito ergo sum* (Je pense donc je suis) en fait le père de la philosophie moderne.

Son œuvre mathématique magistrale, *La Géométrie,* décrit comment traiter les propriétés des êtres géométriques au moyen de l'algèbre. Cette façon de faire est dénommée la géométrie analytique ou géométrie cartésienne. La désignation « cartésienne » vient du pseudonyme latin qu'utilisait Descartes: Renatus Cartesius.

La vie de Descartes

Descartes (1596-1650) est né à La Haye, une ville près de Tours rebaptisée Descartes en 1967. Sa mère mourut quand il avait un an. De santé délicate dans son enfance il restait au lit jusqu'à 11 heures tous les matins. Il conserva cette habitude toute sa vie, même quand il était à l'école.
Il fut éduqué par les Jésuites, puis à l'Université de Poitiers, où il obtint un petit diplôme de droit. En 1617, il abandonna le droit pour servir dans l'armée du prince Maurice d'Orange et alla vivre à Breda en Hollande, puis en Bavière où il participa à la Guerre de trente ans.
En 1618, une série de rêves le convainquit de consacrer sa vie à l'étude et à la poursuite de la sagesse. Il consacra aux mathématiques, à la mécanique et à la philosophie, tous les loisirs que lui laissait sa fonction militaire. À Breda, il travailla avec Isaac Beekman, étudiant en médecine et mathématicien. Les notes du journal de Beekman montrent l'extraordinaire ouverture d'esprit et la multiplicité des idées de Descartes. Il étudia les mathématiques des cordes vibrantes, le calcul algébrique du mouvement des objets dans l'eau, les abaques pour prédire l'augmentation de la vitesse de la chute des objets dans le vide, expliqua pourquoi une toupie restait verticale et bien d'autres choses. À 22 ans, il écrivit à Beekman que toutes les propriétés géométriques pouvaient être déduites de calculs dans un plan muni d'axes perpendiculaires.

Il abandonna la vie militaire en 1621 et passa les cinq années qui suivirent à voyager en Europe, étudiant surtout les mathématiques et rencontrant les

• Les travaux de Descartes

Son premier travail notable, intitulé Le Monde *était fondé sur les travaux contestés de Copernic. Descartes était sur le point de le publier quand, en 1634, il apprit l'arrestation de Galilée. Craignant pour sa sécurité, il ne le publia pas. En 1637, il publia le* Discours de la méthode *(un cadre pour l'étude des sciences naturelles),* L'optique, La météorologie *et* La géométrie. *Dans ses* Méditations, *en 1641, il dévoila ses opinions philosophiques.*
Il écrivit aussi de nombreux articles sur différents sujets : le corps humain, la musique, la mécanique et bien d'autres.

intellectuels de l'époque. Il vendit la propriété familiale et investit la somme obtenue, ce qui le débarrassa à vie de tout souci d'argent. En 1628, il s'installa en Hollande pour écrire et y résida 20 ans.

Il mourut de pneumonie en 1650, alors qu'il était précepteur de la reine Christine de Suède. Elle l'obligea à se lever à 6 heures au lieu de 11 pour lui donner ses leçons, et c'est ce qui l'aurait fragilisé : il fut contaminé par un ami qu'il avait invité chez lui.

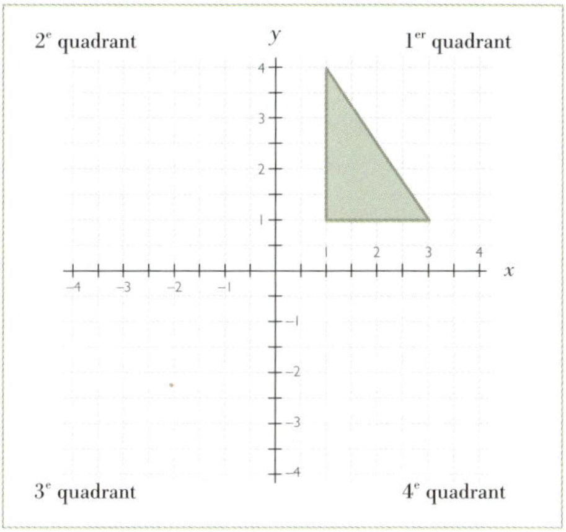

La géométrie de Descartes

Descartes réunit l'algèbre et la géométrie, disciplines qui semblaient, à l'époque, totalement séparées. Dans sa géométrie analytique, les formes géométriques sont représentées par des équations. Ses idées inspirèrent Leibniz et Newton et contribuèrent à l'essor du calcul différentiel et intégral.

La géométrie analytique utilise deux axes perpendiculaires gradués. Dans ces coordonnées, le calcul algébrique vous permet de modifier une figure plane : la translater (la déplacer en ligne droite), la tourner, la dilater ou la contracter.

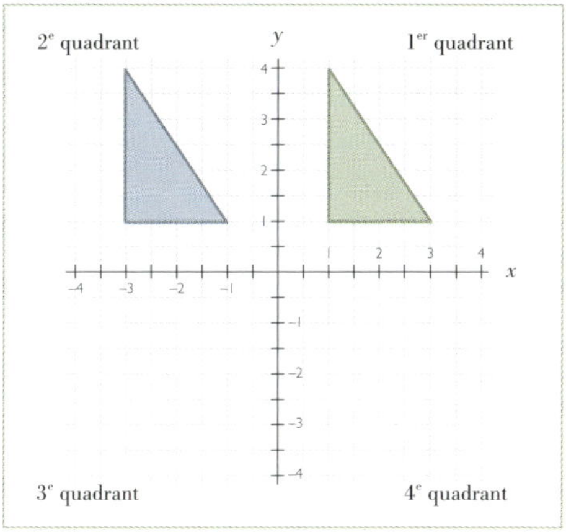

L'exemple simple ci-contre représente la translation du triangle vert vers le triangle bleu. Pour translater le triangle (1,1) (3,1) (1,4) on change chaque paire de coordonnées de la même façon :

(1 + X, 1 + Y) (3 + X, 1 + Y) (1 + X, 4 + Y).

À toutes les abscisses *x* on ajoute X, à toutes les ordonnées *y* on ajoute Y.

Pour amener le triangle vert dans la position du triangle bleu, nous ne modifions pas les ordonnées mais diminuons de 4 unités les abscisses :

X est égal à – 4, Y égal à 0.

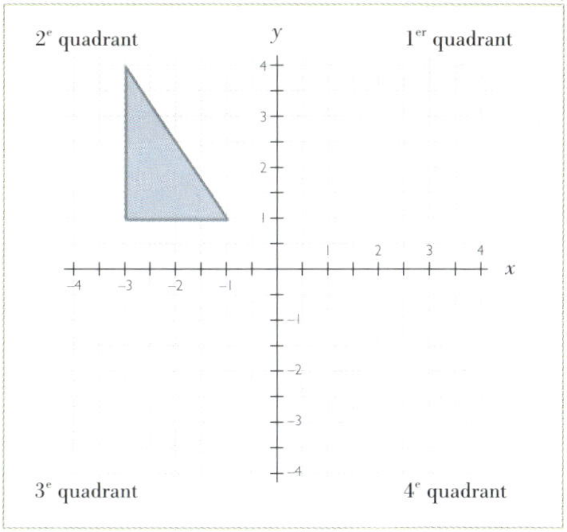

LES CONIQUES

Les formes créées par la lumière projetée par une lampe à abat-jour circulaire sur les murs et le plafond sont familières. La lampe crée un grand cercle, mais si on incline la lampe, le cercle se « déforme ». Près du mur, deux images apparaissent, au-dessus et au-dessous de la lampe ; ce ne sont pas des cercles, bien que les images soient la conséquence de l'abat-jour circulaire. Ces sections coniques sont étudiées depuis 800 ans avant J.-C., et leur étude a porté ses fruits en mécanique et en astronomie.

Les sections coniques

Nous appelons ces courbes « coniques » car nous les construisons en coupant un cône. Pour visualiser un cône, imaginez deux cornets de glace alignés joints par leur pointe (voir ci-dessous). Si nous coupons le cône par un plan horizontal, nous obtenons un cercle. Quand nous inclinons le plan, nous obtenons une courbe fermée ovale, une ellipse. Le cercle est une sorte d'ellipse.
Si nous coupons une seule nappe du cône (un cornet), nous obtenons une ellipse. Quand nous augmentons l'inclinaison, nous obtenons deux courbes ouvertes (contrairement aux ellipses qui étaient fermées) qui se prolongent à l'infini. Cette courbe en deux parties est une hyperbole.
De plus, il existe un plan qui coupe une seule nappe selon une courbe se prolongeant à l'infini, la parabole (voir les dessins ci-dessous). Les plans qui produisent des paraboles sont parallèles à une droite de la surface du cône.

Lieux géométriques

Les coniques sont aussi décrites par la trajectoire (le « lieu géométrique ») d'un point sur le plan. Plaçons deux pointes

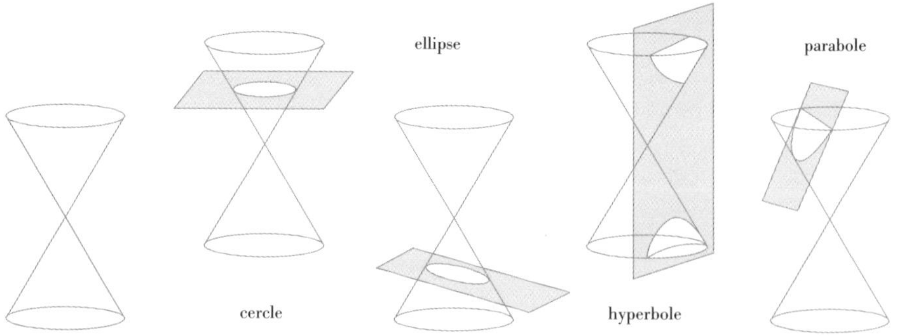

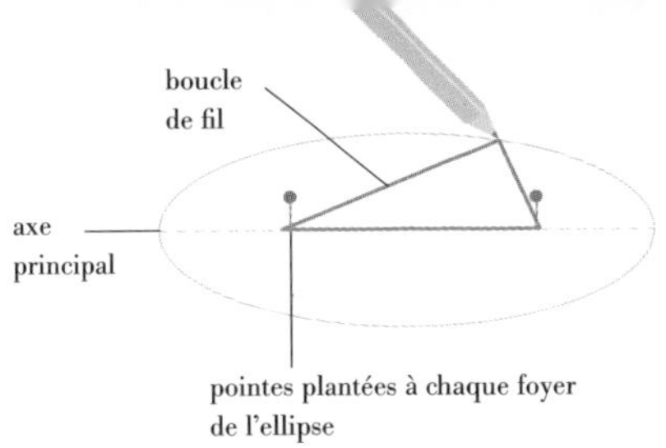

sur une planche et faisons passer une boucle de fil autour des deux pointes. Tendons le fil avec la pointe d'un crayon et, tout en maintenant le fil tendu, déplaçons le fil tendu pour tracer une courbe qui est une ellipse.

Les deux marques des pointes sur le plan sont dénommées les foyers de l'ellipse. Comme la longueur du fil ne change pas, tous les points de l'ellipse sont tels que la somme des distances aux deux foyers est constante. Quand nous rapprochons les foyers, l'ellipse ressemble de plus en plus à un cercle et quand les foyers sont confondus, l'ellipse est devenue un vrai cercle.

Une autre procédure donne une parabole. Souvenons-nous que la distance d'un point à une droite est le segment dont une extrémité est le point et l'autre le point d'intersection de la perpendiculaire menée par ce point à la droite (le dessin explique cette longue définition). La trajectoire qui donne une parabole est celle d'un point qui se déplace à égale distance d'un foyer et d'une droite (la directrice). Il est facile de créer une parabole, c'est la trajectoire d'une balle que nous lançons à un partenaire. Les miroirs de télescope et les « paraboles » pour capter le signal télévisé ont pour section des paraboles : les rayons lumineux et électromagnétiques se concentrent au foyer, dans le sens littéral du terme, de la parabole.

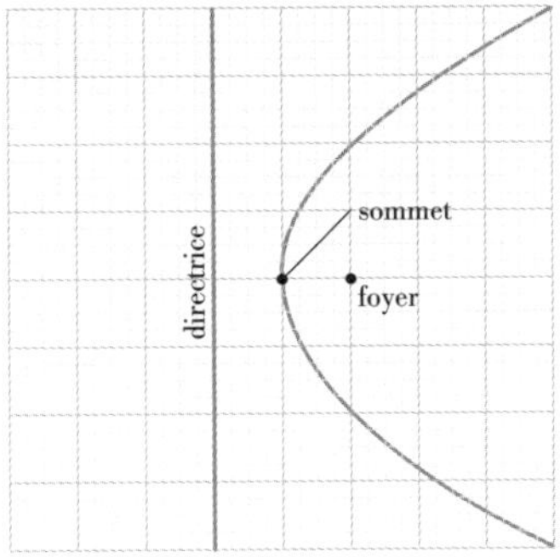

• Les points d'une parabole sont à égale distance d'un foyer et d'une directrice.

La chaînette

Quand nous regardons un pont suspendu, une guirlande ou une corde qui pend entre deux points d'attache, la courbe que nous observons ressemble beaucoup à une parabole.

Galilée affirmait qu'il s'agissait d'une parabole, mais le mathématicien allemand Joachim Jungius démontra en 1669 que Galilée avait tort. La vraie forme de la courbe a été l'objet d'un défi lancé par Jean Bernoulli en 1690, défi résolu par quatre mathématiciens (dont Bernoulli) un an plus tard. La courbe est nommée chaînette ou caténoïde.

• La courbe formée par une corde pendant entre ses deux points d'attache ressemble à une parabole, mais n'en est pas une.

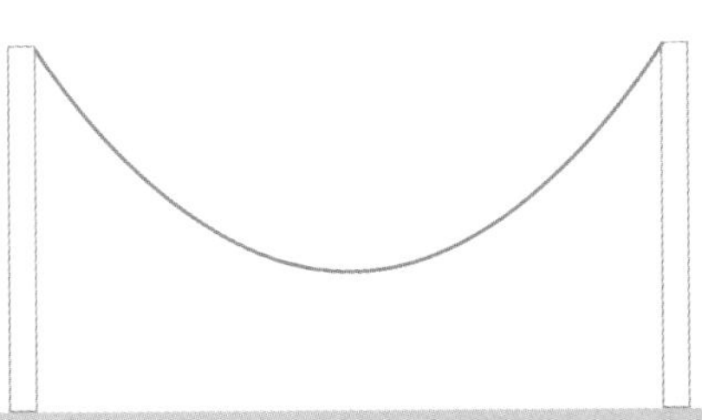

Chapitre

2

Les joyaux de la couronne

L'astronome Johannes Kepler affirmait que la géométrie était riche de deux trésors : le théorème de Pythagore et le nombre d'or. « Le premier est un lingot d'or, le second une pierre précieuse. » Nous examinerons ces deux trésors dans ce chapitre.

LA STABILITÉ GÉOMÉTRIQUE

Les verticales et les horizontales des constructions, briques, fenêtres, parois, lampadaires, semblent indiquer que tout est rectangle ! Or c'est le modeste triangle qui solidarise les structures !

La force du triangle

Le triangle, constitué de trois segments, est la seule structure simple qui ne se déforme pas quand on exerce une force sur les côtés. Nous le voyons avec un triangle dont les côtés sont des pailles. Nous pouvons enfiler un fil ou une cordelette dans les pailles et la nouer pour constituer un triangle et vérifier que nous ne pouvons changer sa forme. En revanche, si nous confectionnons un carré de la même façon, nous pouvons le changer facilement en losanges plus ou moins aplatis. Un carré est un losange dont les angles sont tous droits. Une façon de rendre le carré indéformable est de placer une paille selon une diagonale, transformant alors le carré en deux triangles.

Ces structures triangulaires sont masquées dans la plupart des bâtiments, mais elles sont apparentes dans les pylônes et les grues. Et elles fascinent : il y eut pendant un temps un site sur Internet dénommé *Pylon of the month* (Pylône du mois).

Égalité et similarité

Les deux triangles ci-dessous sont-ils semblables ? La réponse dépend de ce que l'on entend par semblable. Ce sont tous les deux des triangles équilatéraux ; aussi, dans le sens où ils sont du même type, la réponse est oui. Toutefois, si nous découpons ces triangles et les superposons, il est clair que l'un est plus grand que l'autre et, dans ce sens, ils ne sont pas semblables. (Un philosophe

• Le carré n'est pas une structure stable et peut être déformé en un losange.

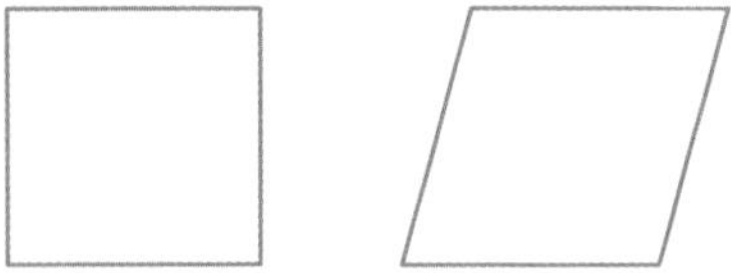

• Tous les triangles équilatéraux sont semblables.

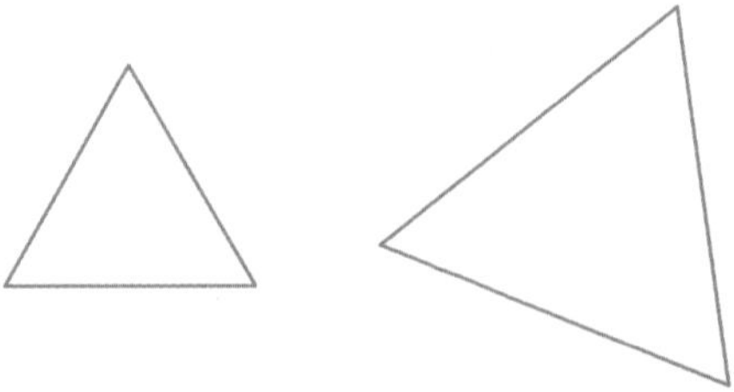

disserterait à l'infini sur l'impossibilité que deux triangles n'en soient qu'un, mais nous ne suivrons pas cette argumentation.) Pour distinguer dans quelle mesure des triangles se ressemblent, nous allons distinguer les formes semblables et les formes égales. Des formes sont mathématiquement égales quand elles sont superposables. Cette superposition peut être précédée d'une réflexion (il faut quelquefois retourner une forme avant de la superposer à l'autre).

Deux formes sont mathématiquement similaires si nous pouvons agrandir ou en réduire une sans que ses proportions soient modifiées et qu'elle soit alors égale à l'autre. Une manière intuitive de comprendre la similarité est d'imaginer que vous placiez une forme devant l'autre et qu'elle la masque exactement, comme vous pouvez masquer un bâtiment avec votre doigt tendu verticalement. La définition mathématique de la similarité est plus précise que son usage courant. Ainsi deux triangles rectangles seraient appelés similaires au sens courant parce qu'ils ont tous deux un angle droit, mais ils ne le sont pas au sens mathématique car on ne peut généralement pas agrandir l'un, sans modifier ses proportions, pour qu'il soit superposable à l'autre. Tous les cercles et tous les carrés sont similaires.

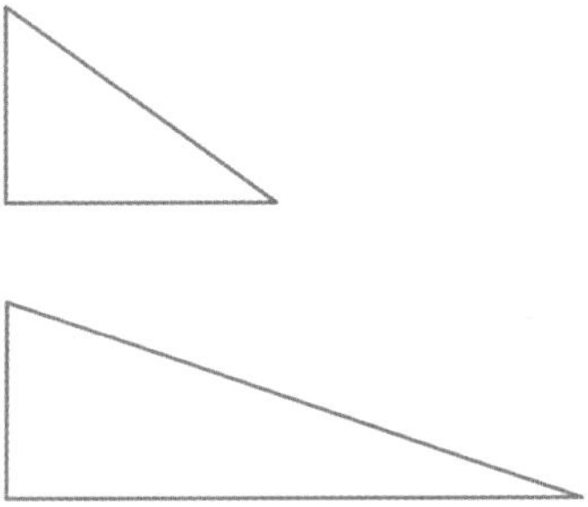

• Bien que ces triangles soient « semblables » dans la mesure où ils ont tous deux un angle droit, ils ne sont pas mathématiquement semblables.

• Stabilité géométrique

L'intérêt du triangle pour construire des structures stables est connu depuis longtemps, par exemple pour construire des tentes. Les armatures des dômes géodésiques sont formées de triangles reliés de façon à distribuer les contraintes également dans toute la structure. La conception assistée par ordinateur permet le calcul précis des dimensions adéquates à la construction de bâtiments toujours plus complexes.

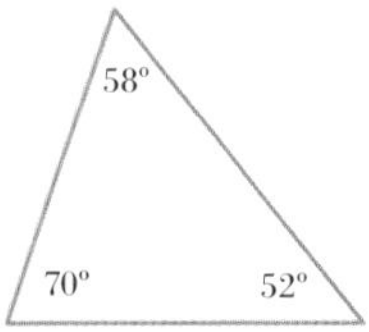

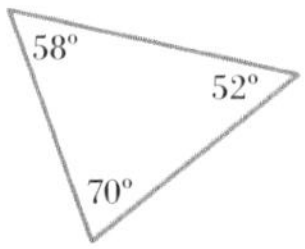

• Pour démontrer que deux triangles sont semblables, il suffit de comparer leurs angles. Ces deux triangles sont semblables.

Vérifier la similarité

Très facile. Si les angles des deux triangles sont égaux deux à deux, quelle que soit la longueur des côtés, les triangles sont semblables. En fait, il suffit de montrer que deux paires d'angles sont égales, puisque la somme des angles d'un triangle est égale à 180°, la troisième paire est nécessairement formée de deux angles égaux. La disposition des angles du triangle n'a pas d'importance, nous pouvons retourner ou tourner les triangles pour que les angles soient dans le même ordre.

Vérifier l'égalité

C'est plus délicat. Nous disposons de quatre tests (les cas d'égalité) qui s'appliquent selon les données dont nous disposons sur les triangles. Ce sont côté, côté, côté (CCC) ; côté, angle, côté (CAC)) ; angle, côté, angle (ACA)) ; angle droit, hypoténuse, côté (DHC).

CCC

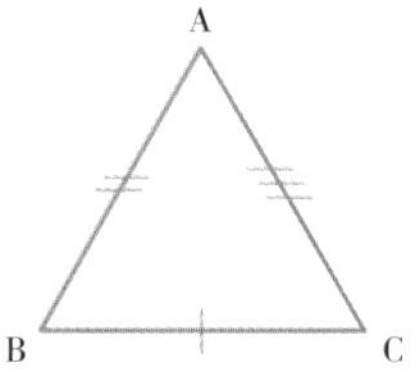

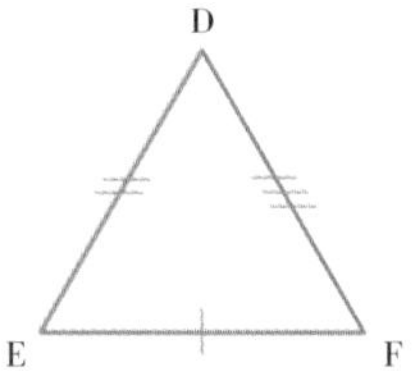

QUADRILATÈRES ÉGAUX

Dans les études traditionnelles de géométrie, les cas d'égalité sont généralement appliqués aux seuls triangles.
En dépit de cette restriction, sur la base des cas d'égalité des triangles, on peut démontrer l'égalité de toutes les formes géométriques. Comme nous le voyons, deux triangles qui ont leurs trois côtés égaux sont égaux. Toutefois, il existe une exception : deux quadrilatères peuvent avoir leurs quatre côtés de même longueur (comme par exemple le carré et le losange) et ne pas être égaux.

Si les longueurs des côtés de deux triangles sont égales alors les triangles sont égaux.

CAC

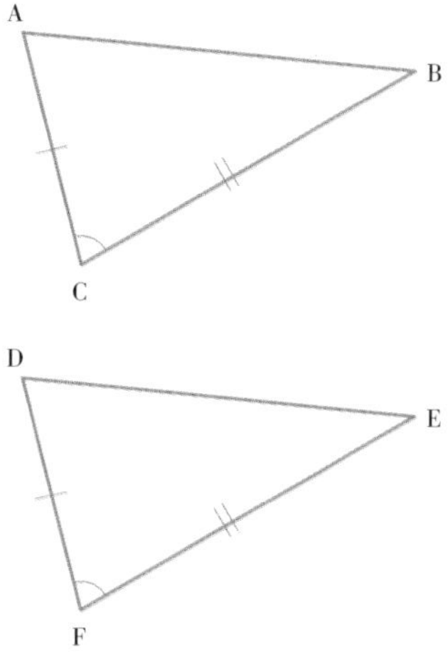

Si nous savons que les deux triangles ont un angle égal compris entre deux côtés égaux, alors les triangles sont égaux.

ACA

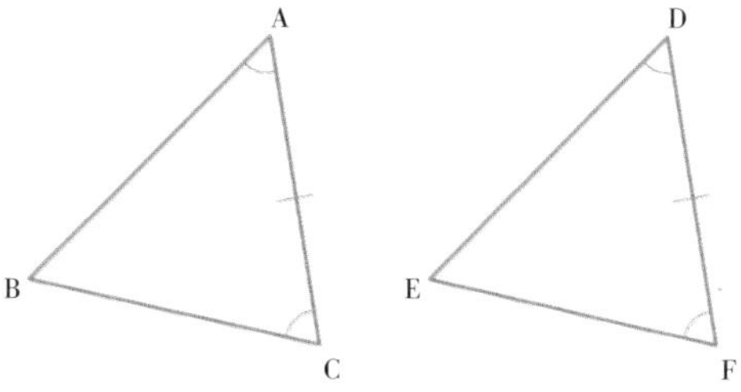

Si les deux triangles ont un côté égal compris entre deux angles égaux, alors ils sont égaux.

DHC

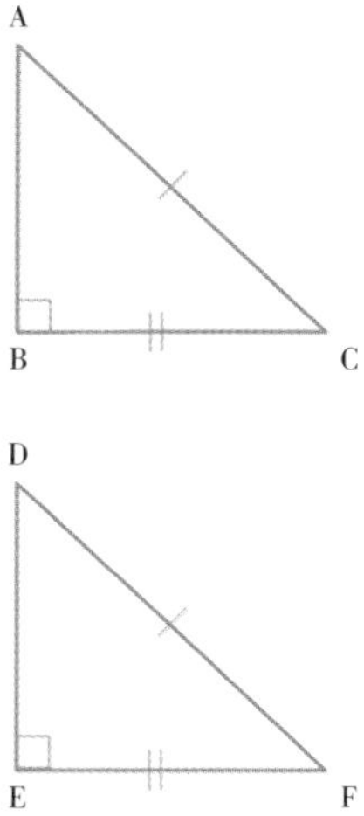

Si nous savons que deux triangles rectangles ont leur hypoténuse et un autre côté égal, alors les deux triangles sont égaux.

Ces cas d'égalité des triangles sont au cœur des démonstrations géométriques comme nous le verrons dans les exercices des pages suivantes. Nous remarquons ici qu'il n'est pas nécessaire de connaître la valeur des angles ou la longueur des côtés, il nous suffit de montrer, grâce à nos règles logiques, qu'ils sont égaux.

Exercice 6 Pavage circulaire

PROBLÈME

Éléonore voudrait paver l'intérieur d'un cercle sur la circonférence duquel se trouvent trois chênes. Comment Éléonore peut-elle construire géométriquement ce cercle connaissant la position des chênes? Où se trouve le centre de ce cercle? Élénore n'a à sa disposition qu'une règle, un compas, et une corde.

DÉMARCHE

Le problème comporte deux aspects. Le premier est un problème d'existence: étant donné trois points (trois arbres dans notre exemple), existe-t-il un cercle qui passe par les points, c'est-à-dire dont les trois points sont sur la circonférence? Le second est un problème de construction: si le cercle existe, comment le construire?

Nous avons un problème avec l'existence si les trois points sont alignés. Un peu de réflexion et d'essai vous montrera qu'il est impossible de faire passer un cercle par trois points alignés.

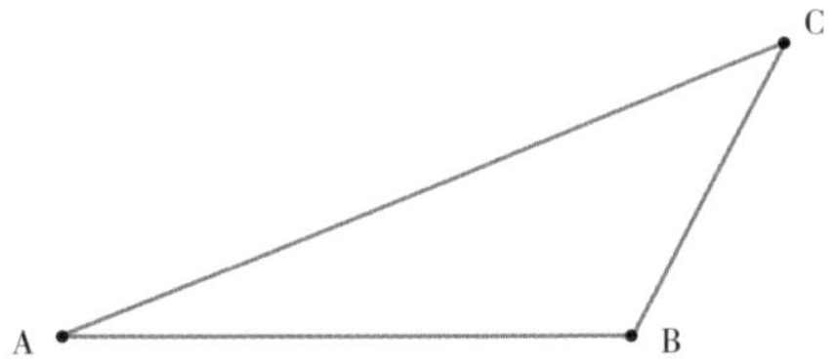

Le problème a-t-il une solution si les trois points ne sont pas colinéaires? Nous désignons les points par A, B, C et les relions par des segments pour construire un triangle de sommets A, B, C.

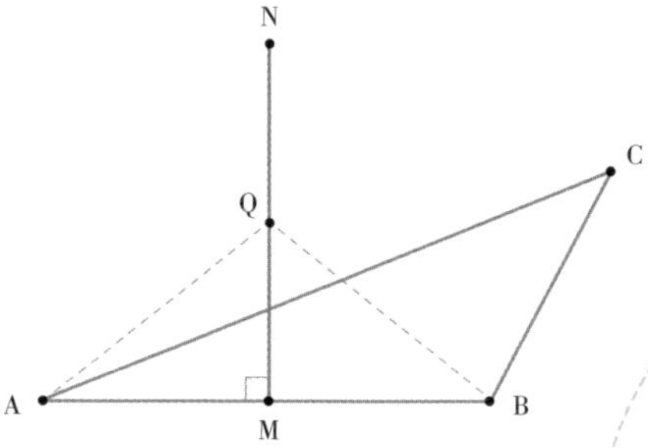

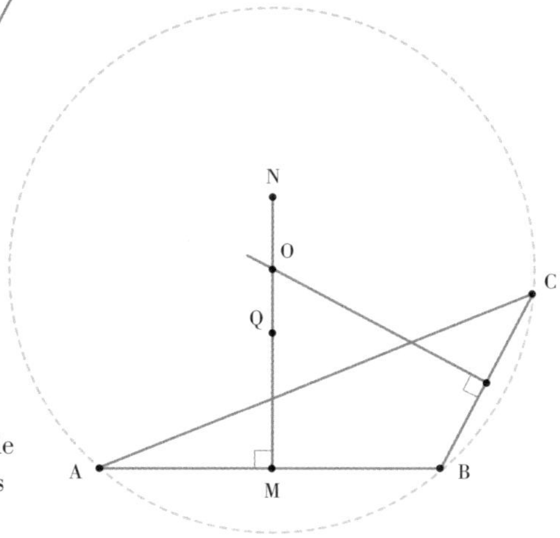

Commençons avec le côté AB. Nous construisons sa médiatrice dénommée MN (voir pages 14-15). Tout point de MN, comme Q, est à égale distance de A et de B. Nous le vérifions et pouvons le prouver en démontrant que les triangles (voir pages 44-45) AMQ et BMQ sont égaux (CAC), donc QA est égal à QB.

Tout cercle de centre Q et de rayon QA passe par A et B. Il nous faut trouver un cercle qui passe aussi par C. Pour cela traçons la médiatrice du segment BC. Les deux médiatrices se coupent en O. Comme OB = OC et que OA = OB, un cercle de centre O et de rayon OA passe par les points A, B et C.

Notons qu'en résolvant le problème d'existence du cercle, nous avons aussi résolu le problème de sa construction. Nous avons démontré qu'Éléonore peut construire un cercle où les trois points sont sur un même cercle (à condition que les trois points ne soient pas alignés). Pour construire le cercle, Éléonore n'a besoin que d'une règle et d'un compas. À quoi sert la corde ? Éléonore en a besoin pour tracer le cercle sur le sol.

SOLUTION

Le cercle construit ainsi est nommé le cercle circonscrit au triangle et le point O est son centre.

Exercice

7 Pas de gaspillage

PROBLÈME

Clément est ébéniste. Un client lui apporte une table de forme triangulaire et lui demande de recouper le dessus de table pour faire la plus grande table circulaire possible. En n'utilisant que la règle et le compas, comment Clément peut-il s'y prendre?

DÉMARCHE

Bien sûr, Clément peut dessiner un cercle dans le triangle, mais il veut qu'il soit aussi grand que possible. La solution est de tracer les bissectrices des trois sommets du triangle.

Dénommons A, B, C les sommets de notre table triangulaire et commençons par tracer la bissectrice de l'angle A. (voir page 15).

Il semble que tout point Q sur la bissectrice soit à égale distance des côtés AB et AC. Il faut confirmer notre intuition et démontrer cette égalité. La distance de Q à un côté est la longueur du segment d'extrémités Q et le pied de la perpendiculaire menée de Q au côté. Nous construisons ces deux distances QN et QM et nommons les angles intéressants.

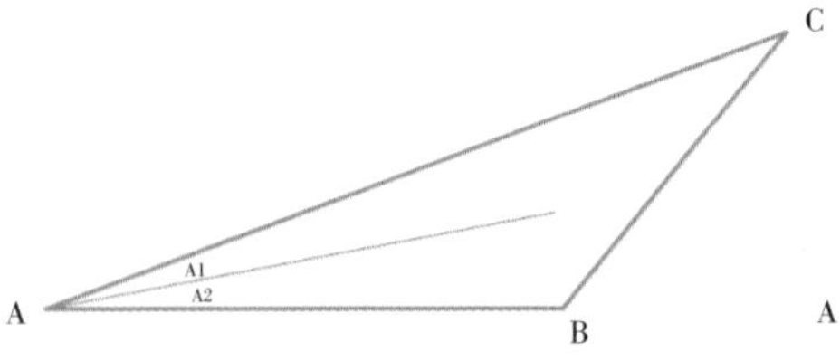

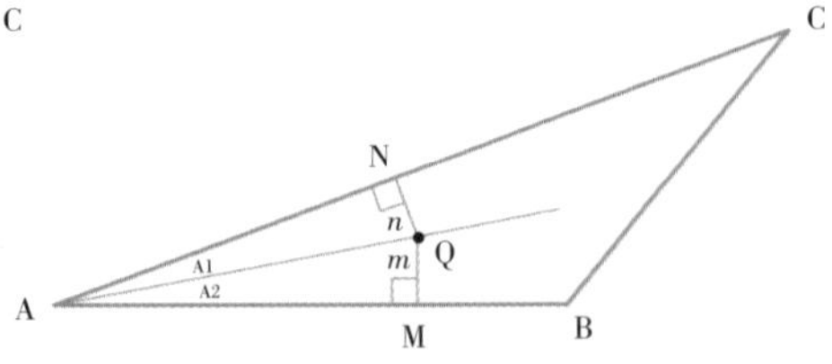

QM est-il égal à QN? Un cas d'égalité des triangles vient à notre aide. Chaque triangle est rectangle, donc $m = 180^\circ - 90^\circ - A_2$ (la somme des angles d'un triangle est égale à 180°) et $n = 180^\circ - 90^\circ - A_1$. Comme $A_1 = A_2$, il s'ensuit que $m = n$. AQ, qui appartient aux triangles ANQ et AMQ, est un côté commun. Donc les triangles ANQ et AMQ sont égaux (ACA) et QM = QN.

Nous pouvons maintenant tracer la bissectrice de l'angle B et nommer I le point d'intersection des deux bissectrices.

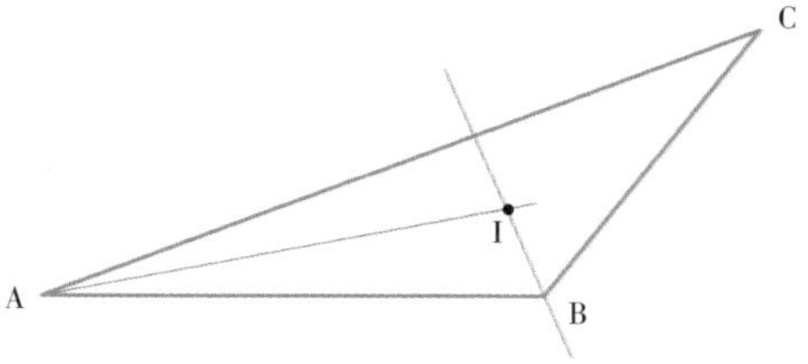

Intuitivement, il semble que la droite joignant I et C soit une bissectrice de l'angle C. Nous traçons les distances de I à chaque côté pour le vérifier.

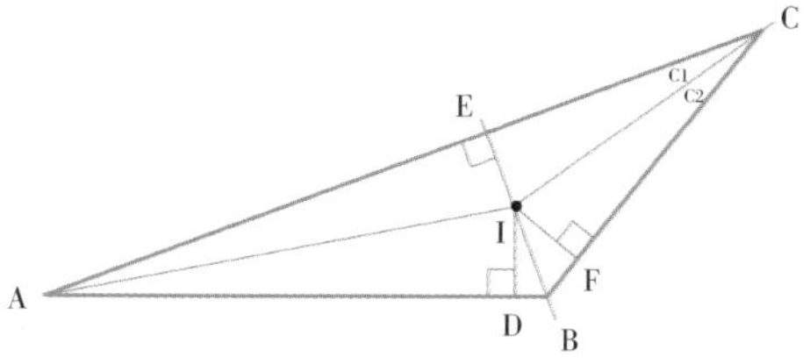

Comme le point I est sur la bissectrice de l'angle B, il est à égale distance de BC et de BA. Donc IF = ID. Nous savons aussi que ID = IE. Donc IF = IE. Nous vous laisserons montrer que les triangles CEI et CFI sont égaux (cas d'égalité CAC) et donc que $C_1 = C_2$.

Nous avons montré que le point I est à la même distance de chacun des côtés du triangle, de sorte que nous pouvons tracer un cercle qui touche chaque côté. C'est le plus grand cercle qui tient dans le triangle.

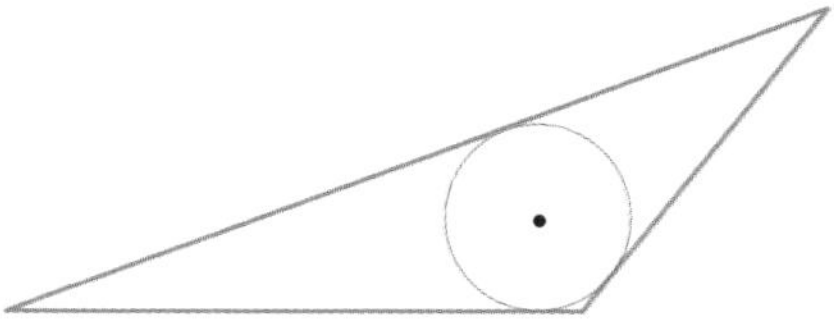

SOLUTION

Le cercle construit ainsi est le cercle intérieur au triangle et le point I, point de concours des bissectrices, est son centre.

LA DROITE D'EULER

Dans les deux exercices précédents, nous avons trouvé deux points importants du triangle : le centre O du cercle circonscrit (le centre du cercle entourant « au mieux » le triangle, représenté ci-dessous à gauche) et I, le centre du cercle inscrit (le cercle s'insérant « au mieux » dans le triangle). Le centre du cercle circonscrit est au point d'intersection des trois médiatrices, le centre du cercle inscrit est au point d'intersection des trois bissectrices.

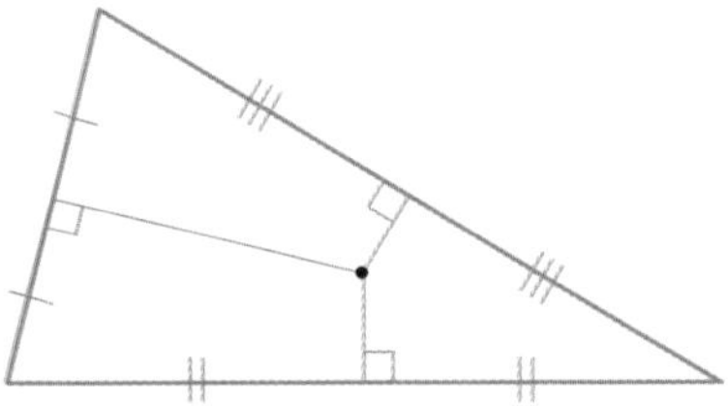

• Le centre du cercle circonscrit au triangle est au point d'intersection des trois médiatrices.

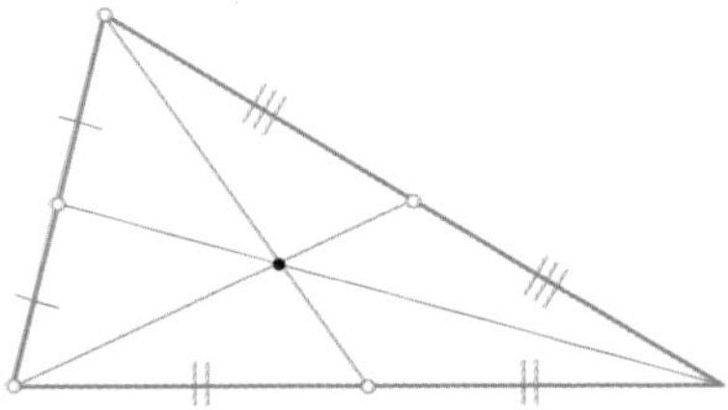

• Le centre de gravité du triangle est au point de concours des médianes du triangle.

Ce ne sont pas les seuls « centres » intéressants du triangle, il y en a des centaines. Deux autres sont particulièrement fascinants mathématiquement.
Imaginez que nous ayons découpé un triangle dans une plaque de carton et que nous souhaitions le suspendre au plafond par une ficelle. Où devrions-nous attacher la ficelle pour que le triangle soit horizontal ?
Une autre manière de raisonner est de s'interroger : où devons-nous placer la pointe d'un crayon pour que le triangle de carton découpé soit en équilibre ?

Le point que nous cherchons est le centre de gravité du triangle, habituellement nommé G (voir le schéma ci-dessus). Le centre de gravité d'un triangle est le point d'intersection des médianes, les droites qui joignent chaque sommet d'un triangle au milieu du côté opposé.
Pour compléter notre ensemble de centres, nous construisons aussi les hauteurs du triangle, les droites qui passent par chaque sommet d'un triangle et qui sont perpendiculaires au côté opposé. Comme vous vous en doutez, ces trois hauteurs sont concourantes et se rencontrent au point H nommé orthocentre.

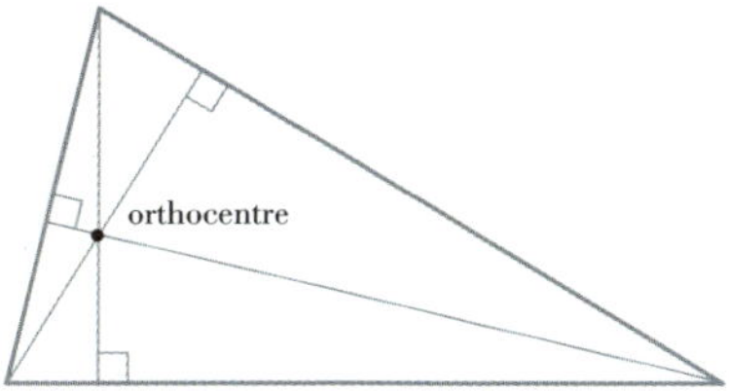

• H, l'orthocentre, le point de concours des hauteurs du triangle.

Trois de ces « centres », le centre O du cercle inscrit, le centre de gravité G et le point de concours des hauteurs H sont alignés le long de ce que l'on nomme la droite d'Euler.

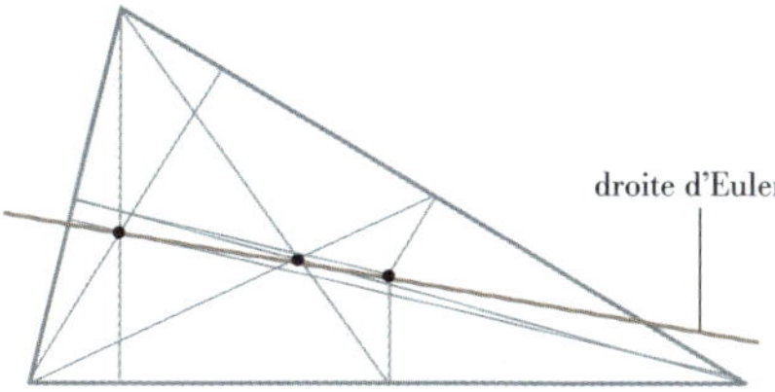

Dans un triangle équilatéral, ces trois points sont confondus en un seul : un triangle équilatéral a un seul vrai centre, nommé le « centre » du triangle équilatéral.

Euler (voir pages 132–133) étudia aussi les relations entre les cercles circonscrits et inscrits et ceux qui sont inscrits dans les prolongements des côtés du triangle.

KARL WILHELM FEUERBACH

Karl Wilhelm Feuerbach fit, en 1822, une étonnante découverte. Alors qu'il était professeur de lycée, Feuerbach établit une relation entre neuf points remarquables du triangle.

- Les milieux F, E, D des côtés.
- Le pied des hauteurs L, K, J.
- Le milieu des segments M, N, P joignant chaque sommet à l'orthocentre.

Ces neuf points semblent être répartis au hasard.

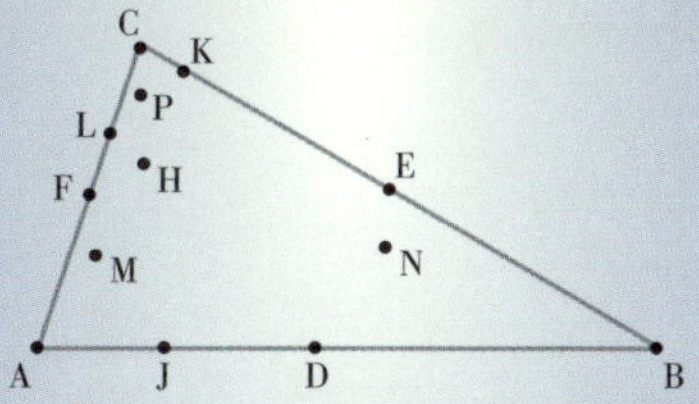

Feuerbach démontra que les neuf points sont situés sur un même cercle, et, oh ! surprise, que le centre de ce cercle dit des « neuf points » est situé sur la droite d'Euler !

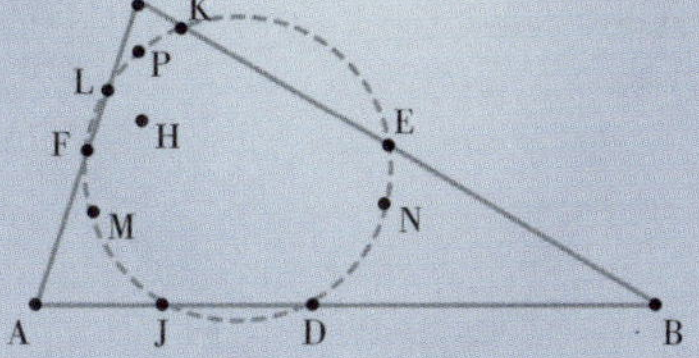

Exercice 8

La bénédiction de l'île déserte

PROBLÈME

Catherine est une excellente nageuse. Elle a gagné à la loterie et peut réaliser son rêve, acheter une île déserte et y construire une maison. L'île a la forme d'un triangle équilatéral. Catherine veut pouvoir nager successivement sur les trois plages. Où doit-elle construire sa maison pour que la somme des distances qu'elle doit parcourir pour aller aux trois plages soit aussi petite que possible?

DÉMARCHE

Nous transcrivons la situation où se trouve Catherine en modèle mathématique. Quel est le point pour lequel la somme des distances aux trois côtés est minimale (comme nous l'avons vu, la distance d'un point à une droite est la longueur du segment joignant ce point au pied de la perpendiculaire menée de ce point à la droite).

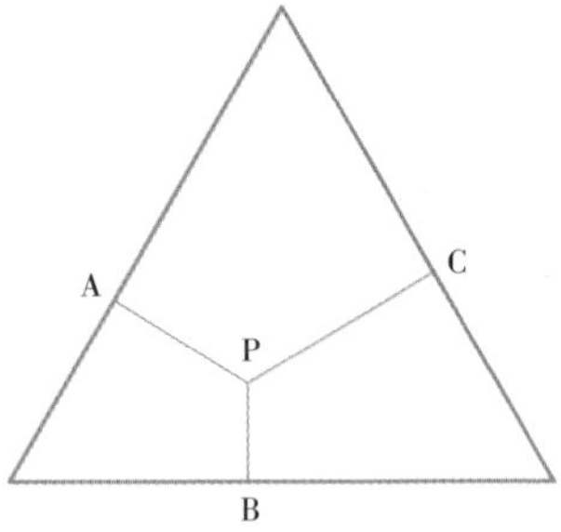

Il s'agit de trouver le point P à l'intérieur du triangle tel que la somme des longueurs PA, PB et PC soit minimale.

En traçant des droites parallèles issues du point P aux trois côtés du triangle, nous plaçons ces trois segments dans trois triangles équilatéraux plus petits.

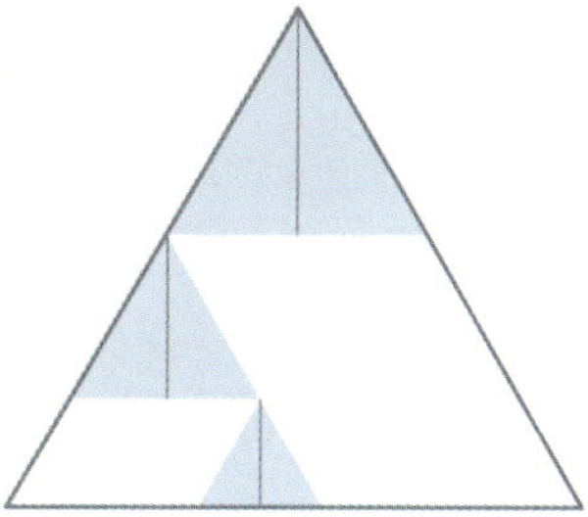

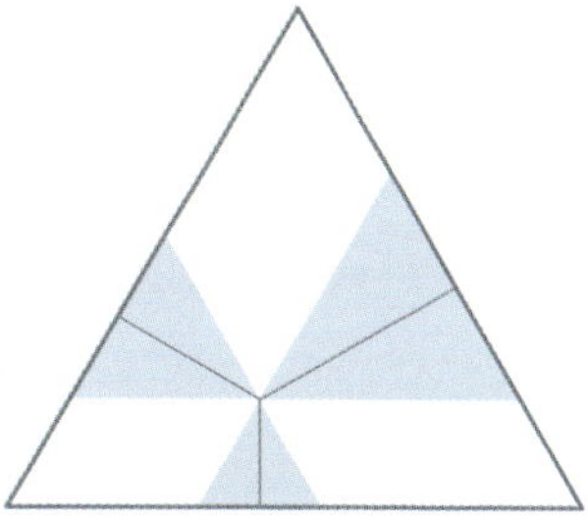

Nous pouvons alors déplacer le grand triangle de gauche le long du côté du triangle jusqu'au sommet et toucher le triangle de droite.

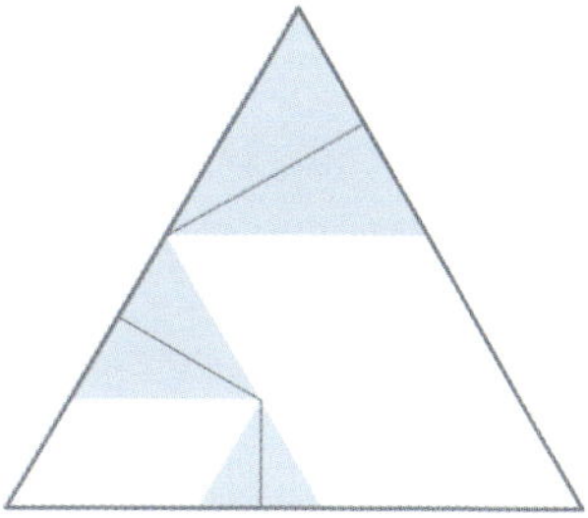

Tournons les trois triangles de façon que les trois distances de P soient toutes verticales. On voit alors que la somme de ces distances est égale à la hauteur du triangle. Nous avons placé le point P n'importe où dans le triangle : aussi, quelle que soit la position du point P, la somme des distances aux côtés du triangle est constante, égale à la hauteur du triangle.
En d'autres termes, peu importe où Catherine a construit sa maison, la somme des distances aux trois plages sera toujours la même. Elle peut construire sa maison là où la vue est la plus belle.

SOLUTION

Le résultat que la somme des distances d'un point aux trois côtés d'un triangle équilatéral est égale à la hauteur du triangle est nommé le théorème de Viviani, du nom du mathématicien et philosophe italien Vincenzo Viviani. Viviani démontra ce résultat en 1660 environ, mais la preuve visuelle ici présentée est due à Ken-ichiroh Kawasaki en 2005.
Le résultat obtenu s'applique aussi à tout polygone régulier.

LE THÉORÈME DE PYTHAGORE

Un mathématicien remarqua que quiconque se plaignait de la difficulté des mathématiques n'avait pas mesuré combien le monde était compliqué. Le théorème de Pythagore représente un moment de simplicité et de certitude dans un monde complexe.

Prenons deux carrés, A et B, de tailles différentes et reliés par un sommet articulé. Un troisième carré C est construit de sorte que deux de ses sommets coïncident avec les sommets de A et B.
A et B sont de tailles fixées, mais peuvent pivoter autour d'une charnière. Le carré C est « élastique » et change de taille tout en restant un carré. Quand l'angle 1 entre A et B est grand, l'aire de C est plus grande que la somme des aires A et B. Quand A et B sont rapprochés ou éloignés, l'aire de C change continûment. Quand l'angle 2 entre A et B est très petit, l'aire de C est bien inférieure à la somme des aires de A et de B.

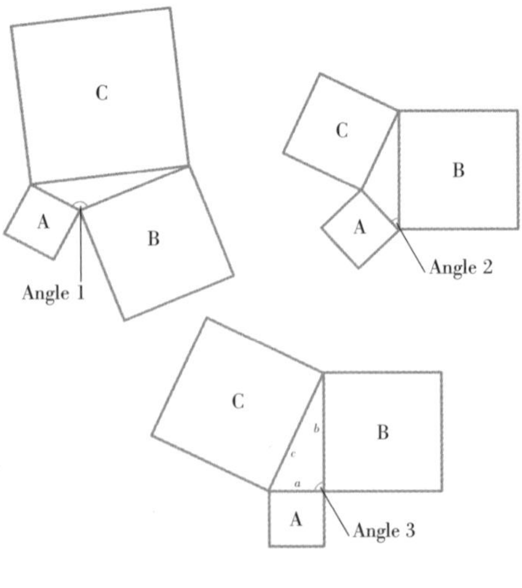

Entre la position où l'aire de C est plus grande que la somme des aires de A et de B et la position où elle est inférieure, il y a une position et une seule où l'aire de C est égale à la somme des aires de A et de B. Cela survient quand les carrés A et B sont à angle droit (angle 3).
Les côtés de A, B et C ont pour longueurs respectives a, b et c. Au moment de l'égalité des aires, nous avons $c^2 = a^2 + b^2$.
En termes littéraires :
le carré de l'hypoténuse est égal à la somme des carrés construits sur les deux autres côtés

Preuve du théorème de Pythagore
Cette expérience de pensée ne démontre pas que l'égalité advient quand A et B sont à angle droit. Il semble seulement que cela soit plausible.

Il existe des centaines de preuves du théorème de Pythagore, dont une de notre ami Euclide. Nous allons voir deux de nos favorites, très originales.

Preuve sans mot

Les deux dessins ci-dessous, qui nous viennent de Chine, constituent une preuve visuellement évidente. Avant de lire plus loin, vous pouvez découvrir par vous-même comment ces dessins nous font « voir » le théorème.

Nous remarquons d'abord que les deux carrés P et Q ont la même aire. Ensuite qu'il y a quatre triangles rectangles égaux dans chaque carré. Si nous enlevons ces triangles rectangles, les aires restantes sont égales. Donc la somme des aires des deux carrés dans le carré P est égale à l'aire du carré dans le carré Q. CQFD.

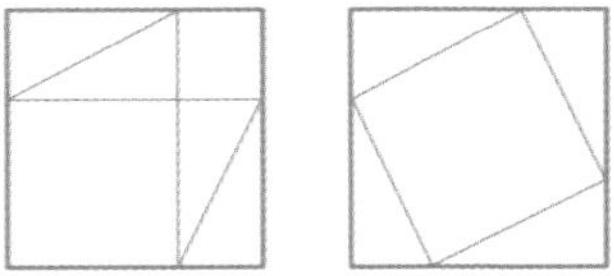

JAMES GARFIELD

Diplômé en 1856, Garfield était destiné à devenir professeur de mathématiques, mais il bifurqua vers la politique et devint finalement le vingtième président des États-Unis. Il aurait mieux fait de se cantonner aux mathématiques, car il fut assassiné d'un coup de pistolet seulement quatre mois après son investiture. La balle ne le tua pas immédiatement: il mourut du trou percé par celle-ci dans son foie.

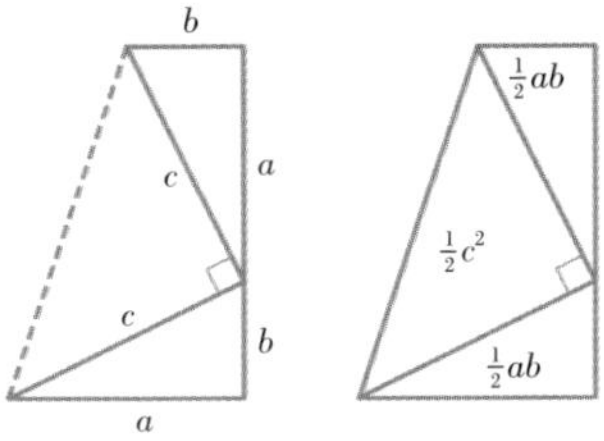

La preuve du président Garfield

Pour ceux qui aiment les démonstrations incluant un peu d'algèbre, nous allons examiner celle de Garfield (le président américain, pas le chat).

Prenons deux exemplaires d'un même triangle rectangle. Disposons-les avec deux côtés alignés et joints par leur sommet comme indiqué sur la figure en haut de la page, ce qui crée un angle droit, la somme des angles d'un triangle étant égale à 180° (nous avons là une démonstration que la somme des angles d'un triangle vaut 180°, voir pages 44-45).

Joignons les sommets isolés pour former un trapèze. L'aire de ce trapèze est égale à la somme des aires des trois triangles.

L'aire d'un trapèze est égale à la hauteur de ce trapèze, ici $a + b$, multipliée par la demi-somme des côtés, soit $(a + b)/2$.

L'aire du trapèze est égale à la somme des aires des trois triangles. Donc :

$$\frac{ab}{2} + \frac{ab}{2} + \frac{c^2}{2} = \frac{(a + b) \times (a + b)}{2}$$

ou

$$\frac{2ab + c^2}{2} = \frac{(a^2 + 2ab + b^2)}{2}$$

En multipliant les deux côtés par 2 :

$$2ab + c^2 = a^2 + 2ab + b^2$$

En soustrayant $2ab$ aux deux membres :

$$c^2 = a^2 + b^2.$$

Portrait

Pythagore

Nous pouvons tous réciter le théorème de Pythagore par sa version en vers:
Le carré de l'hypoténuse,
Est égal, si je ne m'abuse,
À la somme des carrés,
Construit sur les autres côtés.
Pythagore fait partie de notre culture!

Pythagore était un philosophe grec, un mystique et un mathématicien qui vécut au cinquième siècle avant J.-C. Chef charismatique d'un groupe de disciples dévoués, Pythagore pensait que chaque nombre avait une signification mystique et des propriétés magiques sur lesquelles vous pouviez méditer à la recherche de l'extase.
Son enseignement était oral et il n'en subsiste aucune trace écrite, peut-être à cause de sa nature secrète. Ses travaux nous sont parvenus par l'intermédiaire de Cicéron et de quelques autres qui écrivirent des centaines d'années après sa mort.

• Pythagore affirmait que seules les idées sont immortelles, ce dont témoigne son legs géométrique.

La vie de Pythagore

Pythagore est né à Samos en 570 avant J.-C. environ et vécut jusqu'à l'âge de 75 ou 80 ans. Il voyagea beaucoup, collectant les idées mathématiques en Égypte, à Babylone et peut-être aux Indes. Il résida ensuite à Crotone d'où il diffusa ses idées religieuses et philosophiques par son enseignement. Il y mena une vie ascétique. Pythagore croyait en la métempsychose, la réincarnation de l'âme dans les animaux, les hommes et les plantes jusqu'à ce qu'elle ait atteint la pureté parfaite. Avec ses disciples, il constitua une fraternité exclusive pratiquant des rites religieux secrets.
Cette fraternité était une sorte d'académie, incluant des femmes et des hommes et où toute propriété était partagée. Les membres étaient liés par serment. Il y avait un cercle interne constitué par une élite et un cercle externe d'élèves. Les membres de l'élite avaient un accès direct aux idées de Pythagore alors que les élèves se contentaient de résumés. Ils prenaient ensemble leur repas par groupe de dix, participaient à des exercices physiques et jouaient ensemble de la musique.
Le tableau de Raphaël de l'École d'Athènes illustre la vision des Pythagoriciens au XVIe siècle. À la suite d'affrontements à Crotone, Pythagore dut s'enfuir. On pense qu'il est mort dans la ville de Métaponte.

«Il y a de la géométrie dans les notes des cordes, il y a de la musique dans l'espacement des sphères.» ***Pythagore***

Pythagore eut une grande influence sur Platon et sur les mathématiciens et philosophes qui suivirent. Ainsi la fraternité des Pythagoriciens inspira la République de Platon où les mathématiques étaient le fondement logique de la science et de la philosophie. Enfin, l'âme témoignait de la présence mystique dans un monde matériel.

L'harmonie pythagoricienne

Selon la légende, dans une forge, Pythagore écoute résonner une enclume frappée par des marteaux de masses différentes. Il comprend que les différences de résonances de l'enclume répondent à une loi mathématique et établit ainsi la gamme musicale qui repose principalement sur les quatre intervalles consonants (unisson, octave, quinte, quarte). Ainsi, une enclume de la moitié de la taille d'une autre donnait un son plus aigu d'une octave. Les instruments à corde fonctionnent de même : une corde réduite de moitié émettra un son une octave au-dessus. Pythagore est le premier à associer étroitement les nombres, la musique et l'astronomie. Sa fascination pour les rapports numériques l'amène à tenter d'expliquer de la même manière le cosmos.

• Une enluminure du XVe siècle illustrant la découverte par Pythagore des intervalles harmoniques.

LE THÉORÈME DE BAUDHAYANA ?

Baudhayana était un prêtre mathématicien indien qui vécut trois siècles avant Pythagore. Il est l'auteur de la plus ancienne des quatre Sulba Sutras qui datent du VIIIe siècle avant J.-C. Ces textes indiquaient comment construire des autels. Le cérémonial védique était compliqué et les caractéristiques géométriques des autels bien définis.
La Baudhayana *Sulba Sutra* est une liste de ces problèmes géométriques. Par exemple : comment conserver la surface de l'autel quand la forme change ? On trouve dans la Baudhayana la première définition du théorème de Pythagore, que nous pouvons traduire comme suit :
« Une corde tendue le long d'une diagonale produit la même aire que les côtés verticaux et horizontaux ensemble. »

Nous devrions peut-être dire, en toute justice, le théorème de Baudhayana et non le théorème de Pythagore.

LA GÉOMÉTRIE DES NOMBRES

Bien que son théorème soit de nature géométrique, la plus grande gloire de Pythagore repose sur ses découvertes en théorie des nombres. Un problème lancinant était le calcul de la longueur de la diagonale d'un carré de côté unité. Les Babyloniens avaient calculé cette longueur avec six décimales, mais les Pythagoriciens savaient que ce n'était qu'une approximation. Quelle était la valeur exacte ? Pythagore montra que ce ne pouvait être une fraction.

Les nombres naturels

La première preuve d'une comptabilité est l'os d'Ishango qui serait vieux de plus de 20 000 ans. Une série d'encoches le long de sa longueur montre qu'il était utilisé pour décompter quelque chose, et la façon dont les encoches sont groupées indique que leurs utilisateurs les utilisaient pour un calcul.

Quelle que soit la nature de l'os d'Ishango, l'idée d'associer un objet du monde (une encoche) à un objet mathématique est le fondement du calcul. Nous apprenons à compter en disant des noms de nombres – un, deux, trois – en même temps que nous désignons des objets. Il nous semble si naturel de compter ainsi que ces nombres entiers sont quelquefois dénommés *naturels*. Avec le temps, les mathématiciens créèrent d'autres nombres. Ils inventèrent d'abord un nombre qui n'existait pas dans le monde des objets, le zéro, et désignèrent par nombres entiers l'ensemble : 0, 1, 2, 3, 4, 5…

Ils inventèrent ensuite les nombres négatifs ; l'ensemble des nombres entiers et des nombres positifs constitue les nombres relatifs.

Les entiers peuvent être figurés par un nombre de haricots ou de cailloux. Comment figurer les nombres négatifs ? Marquer les entiers sur une droite comme représenté ci-dessous est un bon moyen car on allie la géométrie à l'arithmétique.

Les mathématiciens ont longtemps utilisé seulement les entiers. Ils pouvaient calculer $3 \times 4 + 7$, et même $7 - 53$ en utilisant les nombres négatifs. La division 12 : 4 donne un nombre entier, mais pas 4 : 12. Les mathématiciens inventèrent les fractions pour les calculs qui étaient impossibles avec seulement les nombres entiers comme $\frac{4}{12}$ ou $\frac{1}{3}$ dans l'opération 4 : 12.

Heureusement les fractions, c'est-à-dire les nombres rationnels, peuvent être marquées sur la droite graduée.
S'il y a des espaces vides entre les entiers sur la droite graduée, par exemple entre 1 et 2, les rationnels semblent, au contraire, ne laisser aucun espace vide et bien remplir toute la droite. Si nous prenons deux nombres, aussi proches soient-ils, nous pouvons toujours insérer un troisième nombre entre eux.

Prenons par exemple $\frac{143}{560}$ et $\frac{144}{560}$.

Vous pouvez insérer entre eux le nombre $\frac{143{,}5}{560}$ (ou $\frac{287}{1\,120}$ si vous n'aimez pas les fractions qui ont un numérateur non entier). Ces insertions peuvent se poursuivre à l'infini ; il semble que la droite est remplie de nombres et qu'il est impossible d'en insérer de nouveaux. C'est ce que la logique nous incite à croire. Or Pythagore montra qu'il n'en était rien, et que de nouveaux nombres peuvent toujours être insérés comme nous le verrons dans le chapitre suivant.

NOMBRES TRIANGULAIRES

Pythagore étudia les nombres triangulaires et leur associa une signification. La *Tétraktys* est une disposition triangulaire de points dont la somme est égale au nombre parfait 10. Les Pythagoriciens vénéraient les nombres entre 1 et 10 et utilisaient la *Tétraktys* comme aide à la méditation. Ils lui adressaient même des prières.

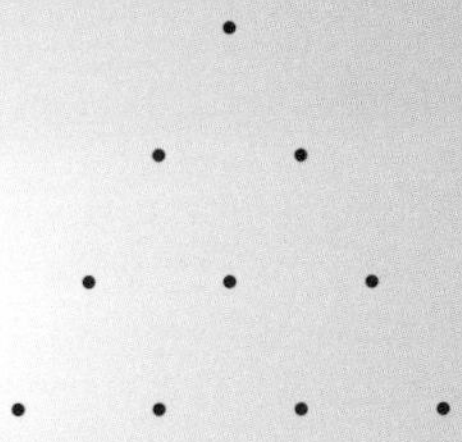

• Tout en symbolisant les quatre éléments, la terre, le feu, l'eau et l'air, la *Tétraktys* représente aussi l'organisation de l'espace et du cosmos.

TOUT N'EST PAS RATIONNEL

Les mathématiciens étaient heureux que la droite graduée soit aussi bien remplie (voir pages 58-59) jusqu'à ce qu'ils soient désemparés par la découverte de Pythagore, ou plutôt de son disciple Hippase de Métaponte. Selon la légende, Hippase était sur un bateau avec Pythagore et ses élèves ; pendant son temps libre, il voulut calculer la longueur de l'hypoténuse d'un triangle de côtés unité. Il s'aperçut que cette longueur ne pouvait pas être représentée par une fraction !

Calcul de l'hypoténuse

Nous pouvons construire un tel triangle avec la règle et le compas (voir pages 22-23).

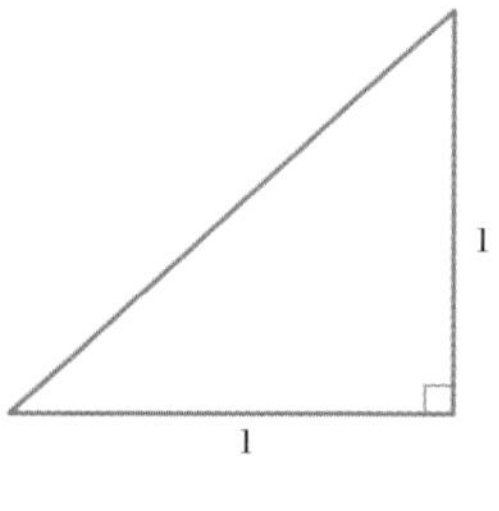

Selon le théorème de Pythagore, $h^2 = 1^2 + 1^2 = 2$ et donc $h = \sqrt{2}$. Pas de doute, cette longueur $\sqrt{2}$ existe, l'hypoténuse du triangle est bien là. Hippase voulait exprimer $\sqrt{2}$ comme un nombre rationnel, une fraction. Il ne put y parvenir et ce fut un coup de tonnerre.

Supposons que $\sqrt{2}$ puisse être exprimée par une fraction comme $\frac{a}{b}$.
Nous simplifions la fraction pour qu'elle soit irréductible (a et b n'ont pas de facteur commun).

$$\sqrt{2} = \frac{a}{b}$$

Élevons au carré les deux membres :

$$2 = \frac{a^2}{b^2}$$

Multiplions chaque membre par b^2 :

$$2b^2 = a^2$$

Donc a^2 est un nombre pair (égal à 2 fois b^2). Il est impossible d'élever au carré un nombre pair pour obtenir un nombre impair, donc a^2 est pair et a l'est aussi. Nous pouvons, comme a est pair, diviser a par 2 et écrire que a est égal à $2c$ (c est un nombre entier).

Remplaçons a par $2c$ dans notre équation :

$$2b^2 = (2c)^2$$
ou
$$2b^2 = 4c^2$$

divisons les deux membres par 2 :

$$b^2 = 2c^2$$

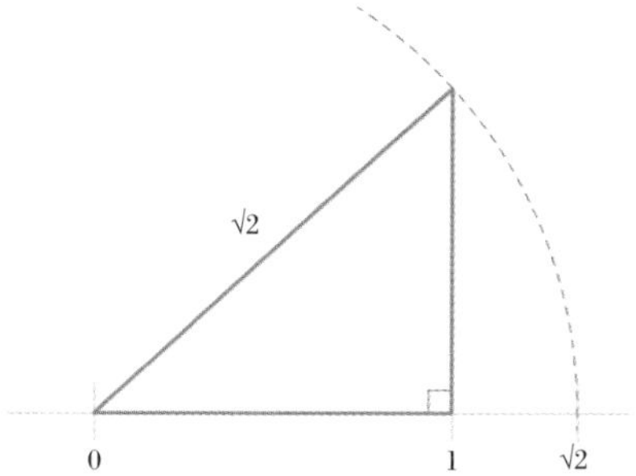

Selon le même raisonnement utilisé pour a, nous en déduisons que b est un nombre pair. Nous avons ainsi montré que a et b sont pairs et ont 2 pour facteur commun. Mais cela contredit notre hypothèse que la fraction $\frac{a}{b}$ est irréductible. Comme nous parvenons à une contradiction, la seule conclusion logique est que notre hypothèse de départ est fausse et que $\sqrt{2}$ ne peut être exprimée par une fraction (ceci est un exemple classique d'une preuve par l'absurde).

Bien que nous ne puissions exprimer $\sqrt{2}$ par une fraction, nous savons marquer la longueur $\sqrt{2}$ sur la droite en la reportant avec le compas. Pour cela, nous plaçons un côté du triangle le long de la droite graduée sur l'intervalle 0-1 et avec notre compas pointé sur le zéro nous traçons l'arc de cercle ayant pour rayon $\sqrt{2}$ qui marque cette longueur sur la droite.

Ainsi la droite n'est pas aussi remplie que cela. Il y a un « trou » entre les rationnels, trou où se faufile $\sqrt{2}$. Comme il y a une infinité de nombres tels que $\sqrt{2}$ à insérer sur la droite, la situation est étonnante. Loin d'être saturée par des nombres rationnels, la droite des rationnels a un nombre infini de trous où se placent les nombres irrationnels. Rien de tout cela, aussi surprenant soit-il, n'est *irrationnel* !

Grâce à sa sagacité de détective, Hippase ouvrit une nouvelle ère des mathématiques. Il n'en fut guère récompensé. Ses collègues Pythagoriciens, rendus furieux par cette découverte, le précipitèrent par-dessus bord et il se noya !

Exercice

9 De justes proportions

PROBLÈME

Pour économiser du papier, Bastien réduit, en gardant les proportions, la taille des pages de sorte que deux petites pages mises côte à côte recouvrent exactement la page initiale. Quelles doivent être les dimensions des pages?

DÉMARCHE

Bastien veut que deux pages réduites recouvrent exactement la page non réduite. Pour ce faire il doit tourner les deux pages de 90°.

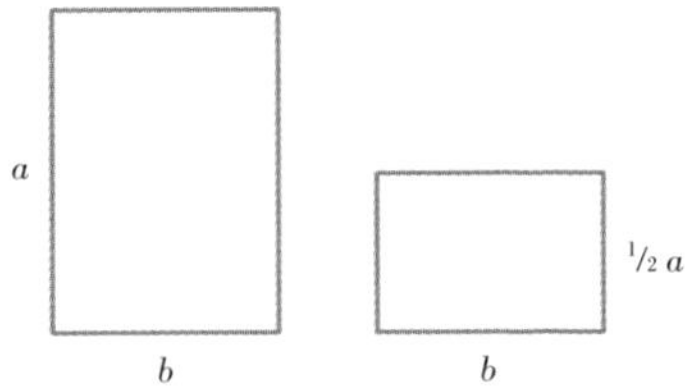

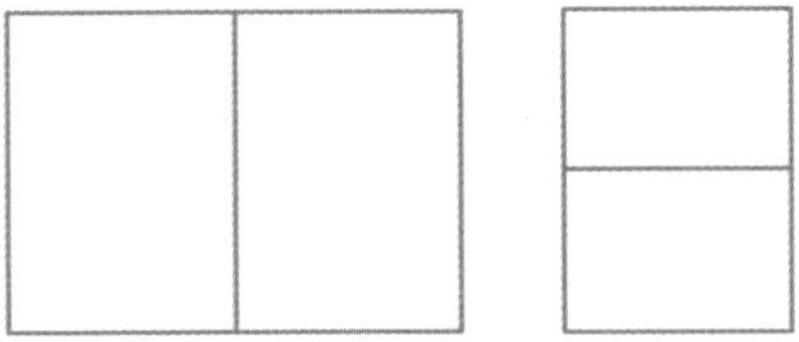

La réduction étant « proportionnelle », Bastien doit trouver le rapport des côtés tel que ce rapport soit conservé lors de la division en deux.

$$b/a = (a/2)/b.$$

Nous multiplions les deux membres par b:

$$b^2/\mathrm{a} = a/2.$$

Nous multiplions les deux membres par a:

$$b^2 = a^2/2.$$

Nous multiplions les deux membres par 2:

$$2b^2 = a^2.$$

Nous prenons la racine carrée des deux membres: $\sqrt{2}b = a$.

Donc, quand nous prenons une telle page et la coupons en deux parties égales, la largeur de la page originale est la hauteur de la « demi-page » et la largeur de la « demi-page » est la moitié de la hauteur de la page originale.

Notre amie $\sqrt{2}$ réapparaît. Quelle que soit la largeur de la page que Bastien choisit, s'il prend la longueur $\sqrt{2}$ fois plus grande, la réduction fonctionnera. En réalité, Bastien n'a pas besoin de se fatiguer, la réduction a été faite. Les différents formats de papier (A0, A1, A2, A3, A4, etc.) ont tous cette propriété. A0 a été construit pour que son aire soit d'un mètre carré, ou 10 000 centimètres carrés. Si les côtés de A0 sont a et $\sqrt{2}a$ centimètres, alors :

$$a \times \sqrt{2}a = 10\,000$$

ou

$$\sqrt{2}a^2 = 10\,000$$

et

$$a^2 = \frac{10\,000}{\sqrt{2}}$$

ce qui fait que a vaut environ 84 cm et l'autre côté 119 cm (plus précisément, les valeurs sont plus proches de 841 mm et 1 189 mm). Les autres formats de papier en découlent. Pour obtenir le format A1 on coupe A0 en deux parties égales : la hauteur d'une page A1 est la largeur d'une page A0 et la largeur de la page A1 est la moitié de la hauteur de la page A0. AO se « réduit » en A1, A1 en A2 et ainsi de suite.

SOLUTION

Toute feuille de papier dont les côtés sont dans le rapport $1/\sqrt{2}$ (environ 1/1,414) peut être réduite (ou agrandie) pour garder ses proportions.
En 1786, Lichtenberg, professeur de physique de l'université de Göttingen, proposa que les dimensions des feuilles de papier soient dans ce rapport, bien avant l'invention de la photocopie.

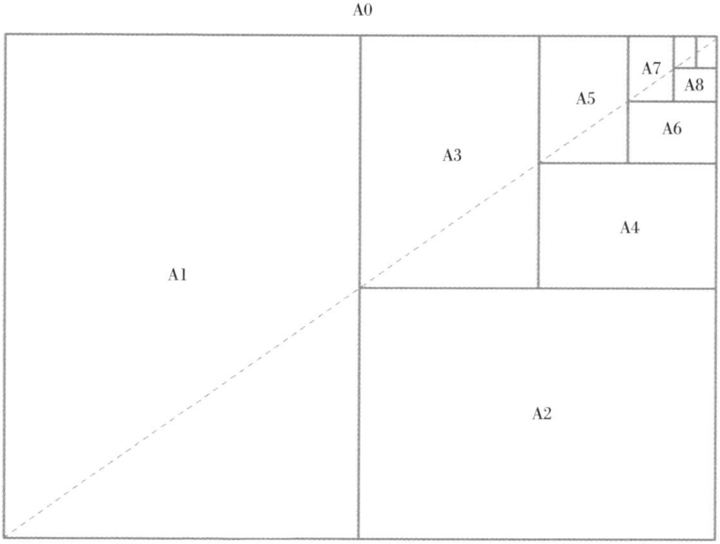

LE NOMBRE D'OR

Regardez les rectangles ci-dessous. L'un d'eux vous semble-t-il mieux proportionné que les autres ? Certains artistes pensent que oui, et le rectangle d'or est omniprésent en art et en architecture. Les mathématiciens ont-ils découvert le secret du rectangle parfait ?

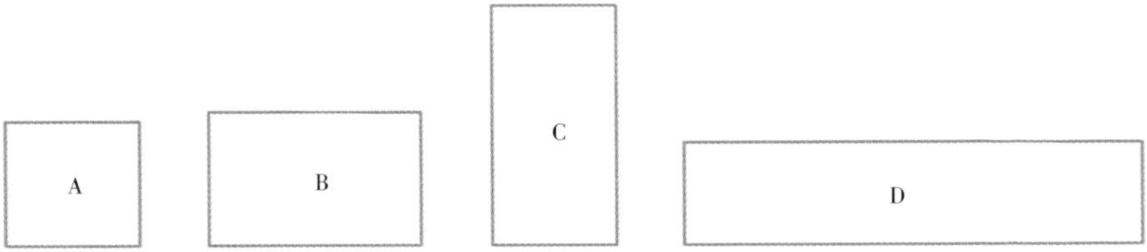

Dans l'exercice numéro 9, nous avons vu que certains rectangles quand ils sont coupés en deux forment des rectangles égaux aux proportions identiques à celles de l'original. Nous allons examiner un problème un peu différent. Nous voulons trouver les proportions d'un rectangle tel que si on en coupe un carré de même largeur que le rectangle initial, le rectangle qui reste soit une réplique à plus petite échelle du rectangle original.

• En découpant le carré à gauche du rectangle, on obtient un nouveau rectangle qui a les mêmes proportions que le rectangle original.

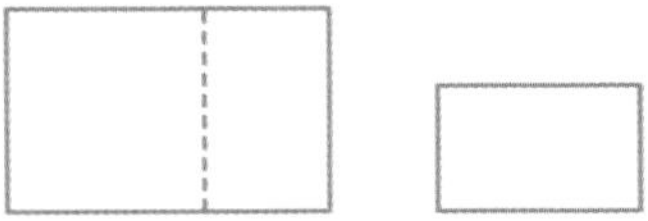

Comme nous nous intéressons au rapport entre les longueurs plus qu'aux longueurs elles-mêmes, nous pouvons choisir arbitrairement le côté du petit rectangle égal à 1. Comme nous ne connaissons pas la longueur du plus grand côté, nommons le x.
Si notre rectangle original a pour longueur des côtés 1 et x et avec le carré en moins, les longueurs du petit rectangle sont x et $1 - x$. Nous voulons que le rapport des longueurs soit le même :

$$\frac{1}{x} = \frac{x}{(1 - x)}$$

Ce qui donne, en multipliant les deux membres par $x\,(1 - x)$,

$$1 - x = x^2$$

La valeur de x pour laquelle x^2 est égal à $1 - x$ est approximativement 0,618 (nous pouvons le vérifier avec une calculatrice, le carré de 0,618 est égal à 0,381 soit $1 - 0{,}618$).

Le *nombre d'or* est généralement défini par la valeur de $1/x$ soit 1,618, dénommé en 1509 *La divine proportion* par le mathématicien italien Luca Pacioli. Kepler, suivant les traces de Pacioli, considérait le rectangle d'or comme le plus précieux des joyaux. C'est le *seul* rectangle dont on peut enlever un carré et dont le rectangle subsistant est semblable à l'original. Nous avons calculé le rapport des côtés avec un rectangle ; le nombre d'or est aussi définissable sur une droite à partir du point qui partage un segment en deux parties a et b telles que le rapport de la longueur du segment et de sa plus grande partie soit égale au rapport de la plus grande partie et de sa plus petite.

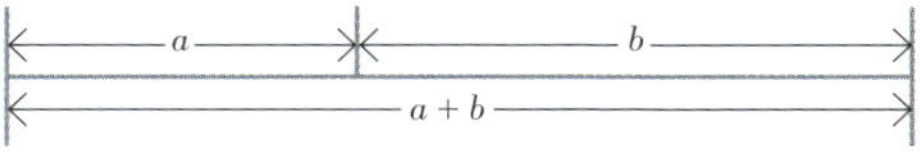

$$\frac{(a+b)}{b} = \frac{b}{a}$$

Le nombre d'or est égal à son inverse. La valeur du nombre d'or est si importante en mathématiques qu'on lui a donné un nom, *phi*, et un symbole : Ø. Sa valeur est :

$$\text{Ø} = \frac{(1+\sqrt{5})}{2}$$

• Le nombre d'or est non seulement le moyen naturel pour être efficace, il caractérise aussi les plus beaux objets de la nature.

LA DÉCOUVERTE DU RECTANGLE D'OR

Après que Pacioli et Kepler eurent attiré l'attention des mathématiciens sur le nombre d'or, ils le virent partout, même quand cela n'était peut-être pas justifié. Certains ont affirmé que les proportions du Parthénon étaient celles du rectangle d'or, bien que le rapport de sa hauteur sur sa largeur soit plus proche de 1,74 que de 1,618. De surcroît, on ne sait pas s'il faut inclure le fronton dans le calcul.

Il n'empêche, le nombre d'or surgit partout dans la nature, des coquillages à l'oreille humaine. Ces deux objets ont une forme de spirale : dans les objets construits ainsi, le nombre d'or est la caractéristique qui leur confère, lors du changement d'échelle, un volume maximal pour une surface minimale.

Exercice 10

L'œil de l'admirateur

PROBLÈME

Léonard de Vinci entendit parler de la beauté du rectangle d'or et voulut laisser son empreinte sur le sujet.
Il pensa ainsi qu'un arrangement triangulaire fondé sur le nombre d'or serait plaisant à l'œil et il voulut construire un triangle incorporant ce rapport magique. Ses seuls instruments de travail étaient la règle et le compas.

DÉMARCHE

Les proportions d'un rectangle d'or sont construites ainsi :

- Tracez un carré.
- Tracez un segment joignant le milieu d'un côté du carré au sommet du côté opposé.
- Tracez le cercle centré sur le milieu du côté et passant par les deux sommets du carré comme indiqué sur la figure.
- Prolongez le carré en un rectangle dont le côté supérieur est tangent au cercle.
- Le grand rectangle a les proportions du rectangle d'or.

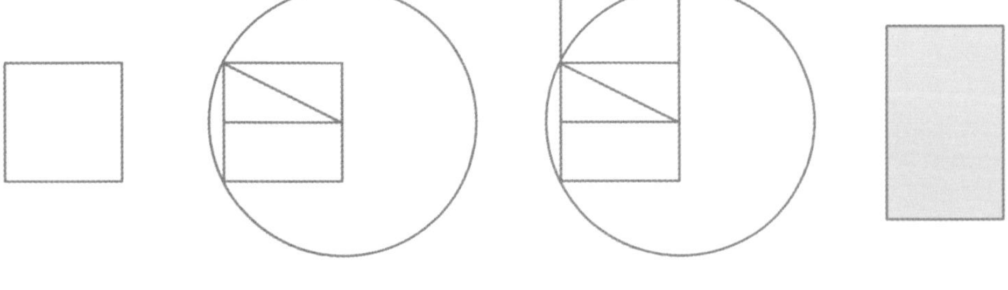

Contruisons un triangle agréable (baptisé *triangle de Kepler*) aussi fondé sur le nombre d'or (vous pourrez le constater par le calcul) :

- Prenons pour rayon d'un cercle le grand côté du grand rectangle.
- Traçons un cercle ayant ce rayon.
- Traçons un rayon passant par le point d'intersection du cercle et d'un côté du rectangle.
- Le triangle de Kepler en grisé est formé comme indiqué.

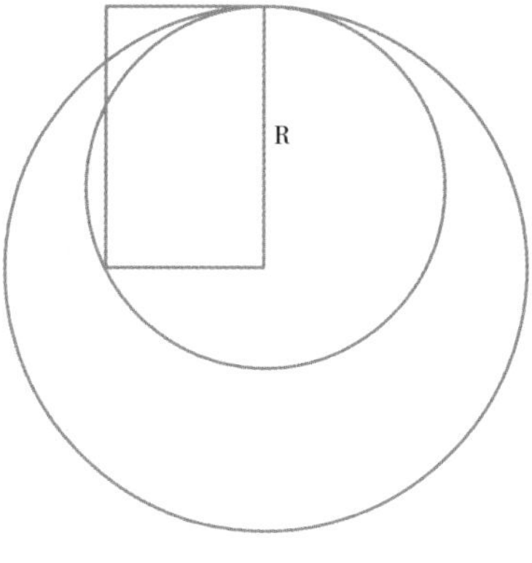

SOLUTION

Le triangle construit ainsi, le triangle de Kepler, réunit deux concepts mathématiques clefs : le théorème de Pythagore et le nombre d'or. On dit que les dimensions d'une face de la grande pyramide de Gizeh sont proches de celles d'un triangle de Kepler.

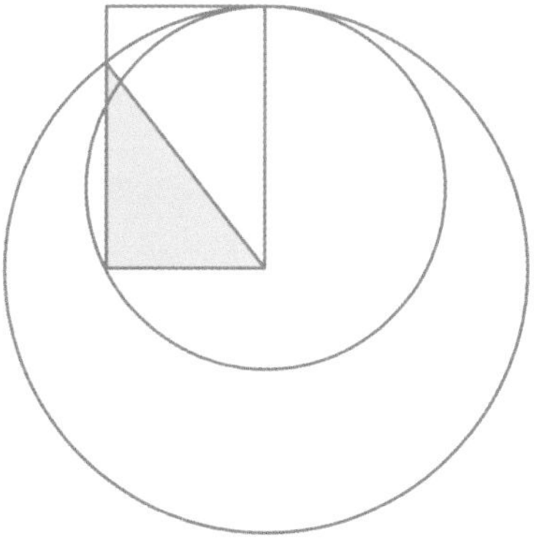

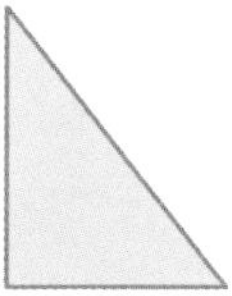

Exercice 11

La spirale logarithmique

PROBLÈME

Julia apprécie la beauté de la coquille de Nautile, tout particulièrement quand elle est coupée en deux. Elle veut faire un chemin similaire en spirale dans son jardin. Comment doit-elle s'y prendre ?

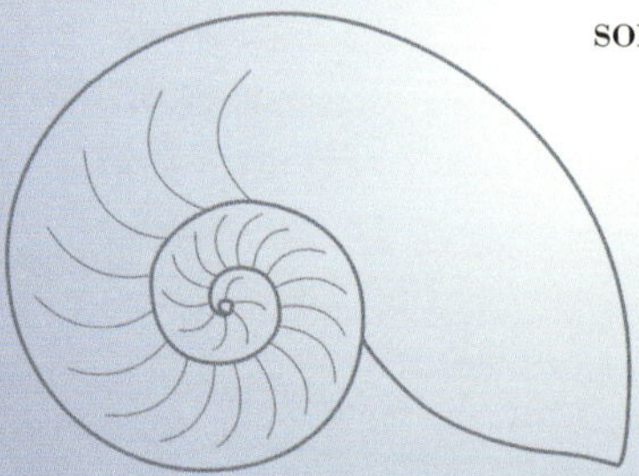

DÉMARCHE

Julia trace d'abord un carré de côté unité, puis un autre carré identique collé contre le premier.

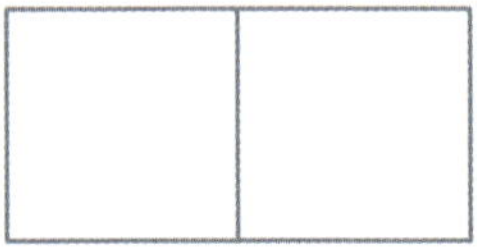

Puis elle construit un carré au-dessus dont les côtés sont de longueur 2.

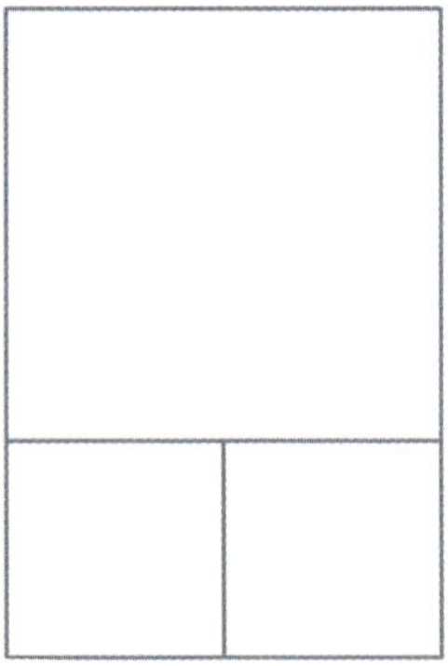

Julia poursuit son travail en tournant, construisant des carrés dont la longueur du côté est égale à la somme des longueurs des côtés des carrés précédents.

Julia pointe son compas à un sommet du premier carré et trace un arc de cercle d'un sommet au sommet voisin, puis répète la même opération aux coins des autres carrés comme indiqué sur la figure ci-dessous.
Elle obtient ainsi la spirale qu'elle désire, la spirale logarithmique.

SOLUTION

Julia construit des carrés dont les longueurs des côtés sont égales aux nombres de la suite de Fibonacci (voir page 176). À mesure que les nombres de Fibonacci augmentent, le quotient de deux nombres consécutifs s'approche du nombre d'or. La spirale construite ainsi, la spirale logarithmique, était dénommée *spira mirabilis* (la spirale miraculeuse) par le mathématicien Jacob Bernoulli. Bernoulli était émerveillé par le fait que, lorsque la spirale augmente, sa forme reste la même. C'est probablement pourquoi la spirale logarithmique apparaît si souvent dans la nature : elle occupe l'espace de façon harmonieuse. Cette propriété d'auto-similarité est au cœur des fractales (voir pages 166–167).

• La construction de la spirale logarithmique illustre la suite de Fibonacci : plus elle grandit, plus le quotient des longueurs de deux côtés consécutifs approche le nombre d'or.

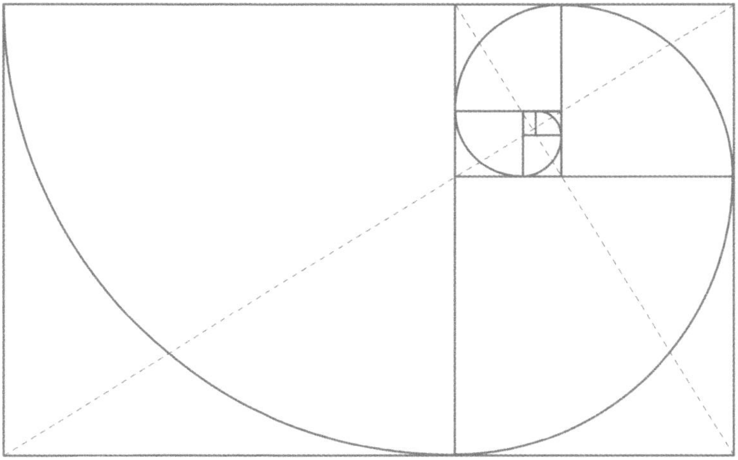

Portrait

Johannes Kepler

Kepler est surtout célèbre pour ses trois lois du mouvement des planètes, mais il fit des avancées remarquables dans d'autres domaines scientifiques. Il étudia l'optique, découvrit deux nouveaux polyèdres, s'intéressa aux empilements de sphères, travailla sur le nombre d'or, etc.

Un dangereux intellectuel

Les théories de Kepler en géométrie, astrologie et cosmologie, et ses talents littéraire et rhétorique, sont des clefs pour comprendre comment la pensée médiévale a donné naissance aux méthodes scientifiques du siècle des Lumières.

Comme Galilée et Descartes, Kepler était un partisan de la théorie de Copernic selon laquelle la Terre tournait autour du Soleil, une position dangereuse aux XVIe et XVIIe siècles. Comme tous les continuateurs de Copernic, Kepler fut châtié pour la témérité de ses idées.

La vie de Kepler

Johannes Kepler est né en 1571 près de Stuttgart en Allemagne. Sa mère dut l'élever seule, car son père, mercenaire de métier, avait été tué au combat. Sa mère était une guérisseuse-astrologue qui croyait en la vertu des plantes ; elle fut jugée pour sorcellerie, probablement parce que Kepler suivait les enseignements de Copernic ! Il avait six ans quand sa mère l'emmena voir une éclipse, ce qui marqua Kepler à vie. Kepler poursuivit le cursus destiné à former les prêtres luthériens, mais il était si bon en mathématiques qu'il fut nommé professeur de mathématiques et d'astronomie à l'Université de Graz en Autriche. Kepler lut l'ouvrage de Copernic, *De Revolutionibus*, publié en 1543, et son argumentation le convainquit que la Terre tournait autour du Soleil. Tous ses travaux sont fondés sur cette conception.

Quand il refusa de se convertir au catholicisme, il fut destitué de son poste à Graz, expulsé d'Autriche et ses convictions coperniciennes ne lui permirent pas de travailler en Allemagne. Heureusement Kepler avait entretenu une correspondance avec Tycho Brahe, le meilleur astronome et mathématicien de l'époque. Tycho Brahe n'était pas copernicien, mais il tenait en haute estime les observations astronomiques détaillées et précises de Kepler ; aussi l'engagea-t-il comme assistant à Prague.

À la mort de Tycho Brahe, Kepler fut nommé Mathématicien impérial de Rudolph II. À Prague, il découvrit ses lois du mouvement des planètes et élabora ses théories du nombre d'or. En 1610, il commença à échanger des lettres avec Galilée sur les quatre satellites de Jupiter. Sa femme bien aimée mourut en 1611 ; en 1612 il alla vivre à Linz, poursuivant ses travaux astrologiques et établit un formidable catalogue des étoiles et des planètes, et de leur trajectoire. Il mourut en 1630.

Les ouvrages de Kepler

Le premier livre de Kepler, *Mysterium Cosmographicum* (*Les Mystères de l'Univers*), publié en 1596, traite d'astrologie. Il y décrit les polyèdres platoniciens et une série de sphères et de polyèdres, où chaque polyèdre platonicien est inscrit dans une sphère et circonscrit à une autre. Kepler associe à chaque polyèdre le mouvement d'une planète, voyant dans ce modèle de l'Univers, le dessein géométrique de Dieu.

Dans l'*Astronomia Nova* (*La nouvelle astronomie*), publiée en 1609, Kepler énonce sa première loi : le mouvement des planètes s'effectue selon des ellipses dont le Soleil est un des foyers. Il émet ses théories du rectangle d'or, un « précieux joyau », affirmant que « La géométrie a deux grands trésors, l'un est le théorème de Pythagore, l'autre la divine proportion. Nous comparerons le premier à un lingot d'or, le second à une pierre précieuse. » Le nombre d'or est tel que, *c* étant la longueur du segment original, *b* la plus grande partie, et *a* la plus petite, alors ;

$$c = a + b \quad \text{et} \quad \frac{c}{b} = \frac{b}{a}$$

En 1619, Kepler publie *Harmonices Mundi* (*L'harmonie du monde*) où il explique le monde par la musique et étudie les propriétés des polygones et des polyèdres réguliers. *Les Tables rudolphines* (en hommage à Rudolph II), un catalogue d'étoiles et de planètes publié en 1627, furent interdites pendant la Contre-Réforme.

• Les polyèdres platoniciens emboîtés.

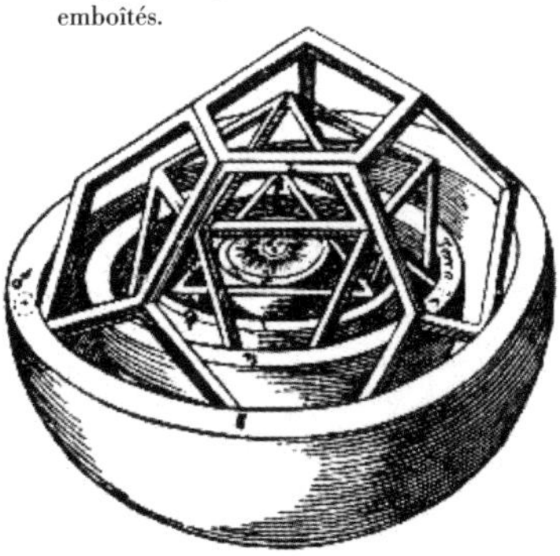

TYCHO BRAHE

Tycho Brahe (1546–1601) était un astronome et alchimiste danois. Richement doté par des mécènes, il devint le plus grand astronome d'Europe. Tycho Brahe n'était pas converti à la vision de Copernic selon laquelle la Terre tournait autour du Soleil, et croyait encore que le Soleil et la Lune tournaient autour de la Terre. Cette théorie était celle prônée par l'Église.

Copernic

Nicolas Copernic (1473–1543) était un astronome polonais ; il fut le premier à affirmer que les planètes tournaient autour du Soleil et non autour de la Terre. Il différa la publication de son livre, *De Revolutionibus*, sachant le scandale qu'il susciterait. L'ouvrage ne fut publié que juste avant sa mort. Les églises protestante et catholique dénoncèrent cette « théorie pythagoricienne » et l'Église catholique n'annula la mise à l'index du livre qu'en 1835.

Archimède

Archimède, un extraordinaire physicien et ingénieur grec, a inventé des appareils pratiques et de formidables engins de guerre. Une de ses inventions est ce que l'on nomme aujourd'hui la vis d'Archimède, une vis sans fin à l'intérieur d'un cylindre utilisé pour élever l'eau. Nous connaissons tous sa découverte de la poussée de l'eau sur un corps immergé, dénommée « Poussée d'Archimède », son « Eureka » qu'il aurait crié à la sortie de son bain, courant nu dans les rues de Syracuse. Il est aussi renommé pour sa découverte des lois du levier, proclamant : « Donnez-moi un point d'appui et je soulèverai le monde. »

Si ses inventions étaient considérées, à l'époque, comme la plus grande expression de son génie, Archimède pensait que seules les mathématiques étaient dignes d'intérêt. Alors qu'il est aujourd'hui considéré comme un des plus grands mathématiciens de tous les temps, ses écrits mathématiques restèrent ignorés pendant des siècles.

La vie d'Archimède

Archimède est né à Syracuse, sur la côte Est de la Sicile, en 287 avant J.-C. Syracuse faisait alors partie de l'Empire grec. Il fut éduqué en Égypte, probablement par les successeurs d'Euclide. Il mourut en 212 avant J.-C. durant la Seconde Guerre Punique, quand les Romains capturèrent Syracuse après un siège de deux ans. Selon la légende, trop préoccupé par les mathématiques pour obéir aux ordres, il fut tué par un soldat romain alors qu'il traçait des cercles sur le sable. On avait ordonné au soldat de ne pas le molester, mais il fut exaspéré par l'injonction d'Archimède qui lui ordonna : « Ne dérangez pas mes cercles. » Nous ne savons presque rien de la vie d'Archimède, nous ne connaissons que ses œuvres qui nous sont parvenues et ce que l'on écrivit sur lui de nombreuses années après sa mort. Plutarque écrivit qu'il était si obsédé par la géométrie qu'il en oubliait de manger et de boire, et qu'il fallait l'obliger à prendre un bain de temps en temps.

Le palimpseste d'Archimède

En 1906, des travaux nouveaux d'Archimède furent découverts sur un palimpseste, un manuscrit du Moyen Âge où des moines avaient superposé des exégèses religieuses. Une partie fut déchiffrée à la main par des spécialistes, mais il

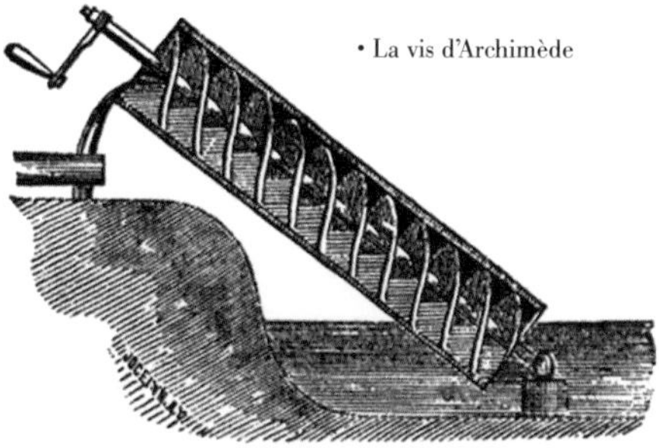

• La vis d'Archimède

fallut attendre la fin du XXe siècle et l'assistance numérique pour que l'intégralité du manuscrit soit déchiffrée. La partie remarquable du manuscrit est le seul témoignage de la méthode d'Archimède pour calculer les aires des figures planes et les volumes des sphères, cônes et cylindres par une méthode d'exhaustion annonciatrice du calcul intégral.

Les travaux d'Archimède

Les travaux d'Archimède qui nous sont parvenus montrent la diversité de ses intérêts. Dans son traité *De l'équilibre des figures planes*, il étudie la mécanique avec la géométrie ; dans *La Quadrature de la parabole*, il calcule l'aire d'une partie de parabole ; dans son traité *De la sphère et du cylindre*, il démontre que le rapport du volume d'une boule inscrite dans un cylindre et du volume de ce cylindre est égal à 2/3 ; il étudie dans un autre livre la spirale qui porte son nom et dans son ouvrage *Les Cônoïdes et Sphéroïdes*, il s'intéresse à la rotation des cônes et des sphères ; il traite de l'hydrostatique dans *Des corps flottants* ; dans le livre sur *La Mesure du cercle*, il cherche à définir pi et dans *L'Arénaire*, il étudie la théorie des grands nombres.

La méthode d'exhaustion

Archimède calculait l'aire d'un disque en examinant l'aire équivalente d'un triangle de hauteur égale au rayon du cercle et de longueur égale à la circonférence (voir la figure ci-dessous). Sa preuve consistait à inscrire et circonscrire dans et autour du cercle des polygones réguliers.

Chaque polygone est de plus en plus proche du cercle. Comme chaque polygone est formé de triangles, l'aire de chacun est égale au rayon du cercle multiplié par une longueur de plus en plus proche de l'arc de cercle correspondant. L'aire du disque est l'aire de ce triangle multipliée par le nombre de côtés du polygone. Quand le polygone a un grand nombre de côtés, l'aire du disque est la longueur du rayon multipliée par la longeur de la circonférence (divisée par 2).

Archimède démontra que les polygones inscrits et circonscrits se rapprochent de plus en plus du cercle et, en fin de compte, le cercle devient un polygone à un nombre infini de côtés.

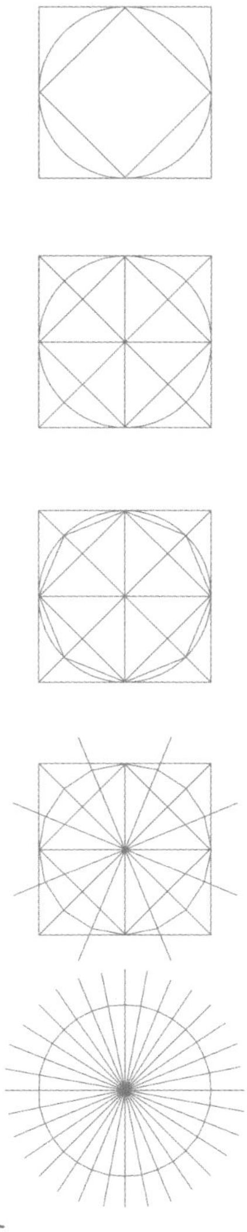

• Les approximations successives de l'aire d'un disque incitent Archimède à définir le cercle comme un polygone à un nombre infini de côtés.

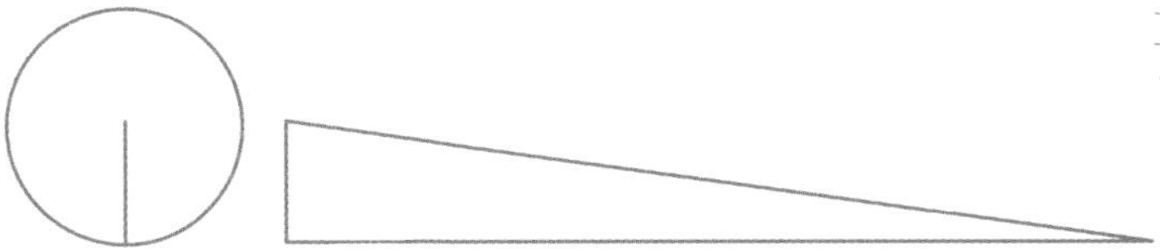

Chapitre

3

Avançons courageusement

La plus grande partie des *Éléments* d'Euclide porte sur l'espace à deux dimensions et, à la fin de ces *Éléments,* on examine des formes à trois dimensions, en particulier les formes parfaitement régulières. Euclide n'aurait jamais imaginé qu'un jour les mathématiciens inventeraient des dimensions supérieures à trois.

LES SOLIDES DE PLATON

Nous vivons dans un monde à trois dimensions, et il est surprenant que les premiers géomètres n'y aient pas accordé plus d'attention. Cette ignorance est peut-être due à la difficulté de représenter des objets tridimensionnels. Dépourvus de papier, les Anciens traçaient leurs figures sur le sable ; mais, à la fin des *Éléments*, Euclide examine des objets à trois dimensions, les solides platoniciens.

Les formes régulières

Au chapitre 2 nous avons examiné la difficulté de construire des polygones réguliers (les polygones réguliers ont des angles et des côtés égaux). À trois dimensions un polyèdre est régulier à deux conditions :

- Toutes ses faces sont constituées du même polygone régulier.
- À chaque sommet un même nombre de faces se rencontrent.

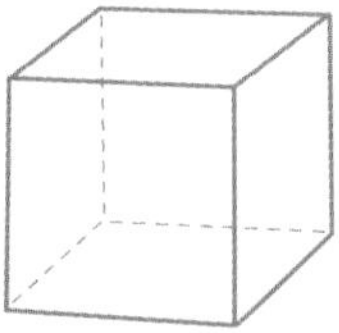

• Le cube (hexaèdre) a 8 sommets, 12 arêtes et 6 faces.

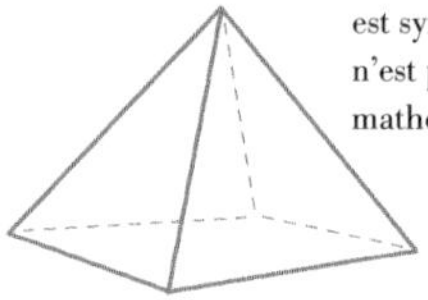

• Une pyramide à base carrée pourrait être considérée comme régulière car elle est symétrique, mais elle n'est pas régulière au sens mathématique du terme.

Le cube est évidemment régulier : ses six faces sont des carrés et trois faces se rencontrent à chaque sommet. Une pyramide à base carrée a beaucoup de symétries et dans le langage courant on pourrait la qualifier de régulière. Du point de vue mathématique elle ne l'est toutefois pas car toutes ses faces ne sont pas identiques : quatre d'entre elles sont triangulaires et une est carrée. Un polyèdre (synonyme de solide) à six faces en triangles équilatéraux identiques n'est pas régulier car à deux sommets trois triangles se rencontrent, alors que quatre triangles se rencontrent aux trois autres sommets.

Il y a en théorie un nombre infini de polygones réguliers. Nous pouvons construire un polygone régulier à 720 côtés, mais sauf s'il est très grand, il ressemblerait beaucoup à un cercle. Pouvons-nous alors construire, de la même façon, une infinité de polyèdres réguliers ?

Et bien non : l'espace à trois dimensions a ses particularités et Euclide a établi qu'il n'y a que cinq polyèdres, dénommés les cinq solides platoniciens.

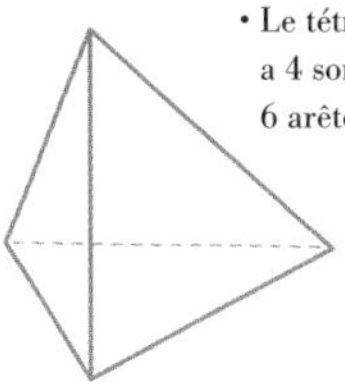

• Le tétraèdre a 4 sommets, 6 arêtes et 4 faces.

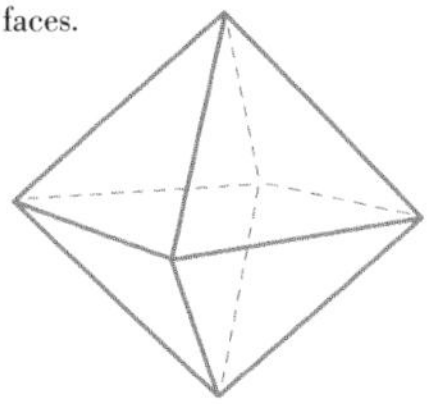

• L'octaèdre a 6 sommets, 12 côtés et 8 faces.

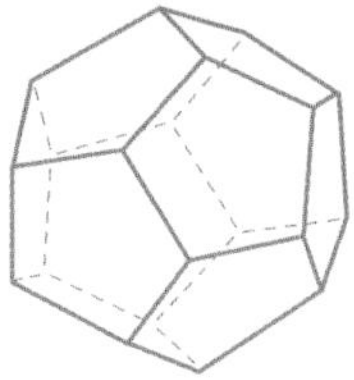

• Le dodécaèdre a 20 sommets, 30 arêtes et 12 faces.

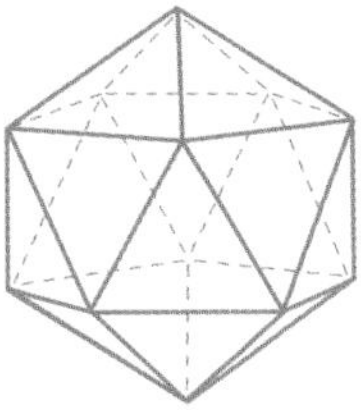

• L'icosaèdre a 12 sommets, 30 arêtes et 20 faces.

Les cinq solides platoniciens

Il n'y a que trois polygones réguliers utilisables pour construire un polyèdre régulier. Nous avons vu que six carrés peuvent être assemblés en un cube, le seul solide platonicien à faces carrées. Les triangles équilatéraux peuvent être associés pour constituer trois solides platiniciens différents. Quatre triangles équilatéraux forment un tétraèdre, huit forment un octaèdre et 20 l'icosaèdre. L'autre polygone utilisable est le pentagone : la réunion de 12 d'entre eux donne un dodécaèdre.

Le pentagone

Comme nous l'avons vu au chapitre 2, la construction de polygones à la règle et au compas est facile pour nombre d'entre eux, sauf pour le pentagone. Les propriétés du pentagone fascinaient Euclide. En traçant les diagonales du pentagone nous obtenons une étoile à cinq branches, le pentagramme.
Le pentagone est vraiment spécial. Quelle que soit la taille du pentagone, le rapport de la longueur d'une diagonale à celle du côté du pentagone est le nombre d'or $(1 + \sqrt{5})/2$ (voir pages 64–65).
On crédite Hippase de la démonstration, laquelle utilise le théorème de Pythagore, que certains nombres sont irrationnels, or il semblerait qu'Euclide, parmi d'autres, ait eu conscience de l'irrationalité de certains nombres lors de son étude des solides platoniciens. Certains historiens des mathématiques pensent que ce qui intéressait vraiment Euclide était l'étude des nombres irrationnels et que les solides platoniciens n'étaient qu'un prétexte. Cela serait confirmé par le fait que la théorie des nombres introduite par Euclide n'était pas vraiment nécessaire à l'étude des polyèdres et qu'il voulait à toute force introduire les nombres irrationnels.

SOLIDES PLATONICIENS ET « ÉLÉMENTS »

Les Pythagoriciens ont associé les polyèdres platoniciens aux quatre éléments :
tétraèdre = terre
cube = eau
octaèdre = air
dodécaèdre = feu

Et l'icosaèdre ? Il était associé à la « quintessence », ce qui signifie, bien à propos, le cinquième élément !

Portrait

Platon

Platon est probablement le plus grand philosophe de tous les temps. Le mathématicien et philosophe A. N. Whitehead écrivit: «Toute la philosophie n'est qu'une note en bas de page de Platon.»

Platon écrivit des dialogues plutôt que des traités philosophiques. Dans ces dialogues, il utilisait la méthode socratique en posant des questions clefs qui titillaient l'intelligence et suscitaient des raisonnements profonds. Platon n'était jamais l'un des protagonistes des dialogues. Le principe de base de la philosophie de Platon est que chacun doit élaborer son propre système moral par l'analyse logique et le questionnement sur des concepts comme la «justice» ou la «liberté». Des idées plausibles sont soumises à des examens approfondis et ne doivent être acceptées qu'après mûre réflexion.

Les réflexions de Platon sur le développement de l'intellect eurent une influence majeure sur les théories de l'éducation dans le monde occidental. Platon pensait que les mathématiques étaient importantes pour former le raisonnement car elles reposaient sur des définitions précises et des hypothèses claires.

• Selon la légende, sur le fronton de l'Académie de Platon, il était écrit: «Nul n'entre ici s'il n'est géomètre.»

La vie de Platon

Platon (428-348 av. J.- C.) est né à Athènes. D'après la légende, une abeille se posa sur sa lèvre quand il était enfant, ce qui augura du miel de ses paroles. Platon n'était qu'un surnom qui signifie «large», car il avait la musculature d'un lutteur.

La famille de Platon était riche et politiquement influente. Platon se détourna de la politique car la classe politique ne lui semblait pas estimable; il rencontra Socrate en 409 av. J.-C. et devint un de ses fervents disciples. Socrate intimait aux étudiants un examen critique de leurs idées et croyances, en particulier la justice et la bonté. Cette approche déplut aux dirigeants athéniens, qui virent là une critique et une menace pour

«Ainsi, mon noble ami, la géométrie amènera l'âme vers la vérité et lui enseignera la philosophie, éliminant tout ce qui n'est pas bien établi.»

***Platon,* La République**

LA MÉTHODE SOCRATIQUE

Platon utilisa ce que nous nommons la méthode socratique.
Les caractéristiques des dialogues de Platon sont :

- Ce ne sont pas des cours ou des exposés.
- Le dialogue met en scène un maître et son élève.
- Le but est didactique.
- Ils sont fondés sur l'ironie, avec un « avocat du diable ».

La méthode socratique, fondée sur le dialogue, permet d'améliorer les hypothèses en éliminant par le raisonnement toutes celles qui amènent une contradiction logique. Une série de questions amène l'étudiant à découvrir ses croyances sur un sujet donné. Il ne s'agit pas d'enseigner *quoi* penser, mais *comment* penser.

l'État. Accusé d'avoir corrompu l'esprit des jeunes athéniens, Socrate fut condamné et exécuté en 399 av. J.-C. Platon, terriblement attristé par la mort de Socrate, quitta Athènes et voyagea pendant 12 ans en Égypte, en Sicile, en Italie où il élabora ses pensées philosophiques et scientifiques. Il commença à écrire ses dialogues socratiques, fondés sur les enseignements de Socrate.

De retour à Athènes, Platon établit un collège, qu'il baptisa *Académie* du nom du propriétaire des lieux, Academos, un nom qui allait passer à la postérité pour toute institution d'enseignement. Des intellectuels de grande valeur étudièrent à l'Académie, notamment Aristote, qui s'enrôla à l'Académie à 18 ans et y resta 20 ans jusqu'à la mort de Platon.

L'Académie subsista pendant des siècles jusqu'à ce que les autorités religieuses chrétiennes, la considérant trop dangereuse, la ferment en 529. Les sujets débattus à l'Académie étaient la philosophie, les sciences physiques, l'astronomie et les mathématiques. Dans les premières années de l'Académie, Platon publia plusieurs ouvrages dont *La République*, un ouvrage philosophique sur la justice, le courage, la sagesse et le rôle de l'individu dans la société. Platon joua un rôle politique à Syracuse et y fut retenu prisonnier pendant quelques années. Quand il revint à Athènes et à l'Académie, il recommença à publier à la manière socratique sur la danse, la musique, la poésie, l'architecture, le théâtre, l'éthique, les mathématiques, la politique, la religion et la philosophie de la connaissance.

Un de ces ouvrages est *Le Timée*, où il exposa ce que nous nommons aujourd'hui les solides platoniciens et qui constituent le fondement de l'œuvre d'Euclide.

Platon passa le restant de sa vie à enseigner, à débattre et à écrire, mourant à l'âge avancé de 80 ans.

Exercice 12

Le coloriage des cubes

PROBLÈME

Lucile construit un jeu de cubes en bois pour sa fille. Elle utilise six couleurs et peint chacune des six faces du cube d'une couleur différente. Lucile veut que chaque cube soit peint avec six faces de couleurs différentes et que tous les cubes soient différents. Combien de cubes peut-elle faire?

DÉMARCHE

Les six couleurs de Lucile – rouge, orange, jaune, vert, bleu et mauve – seront désignées respectivement par *r*, *o*, *j*, *v*, *b* et *m*.

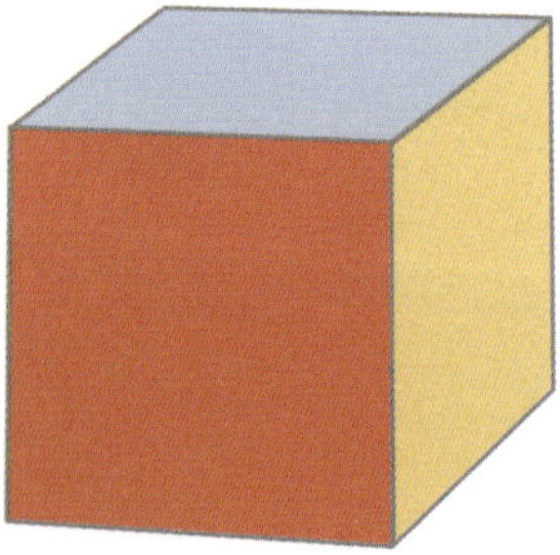

La première question concerne ce que nous comprenons par «différent». La réponse est que deux cubes sont différents s'ils ne peuvent être tournés ou déplacés de façon que les couleurs des faces soient les mêmes (nous pouvons superposer les cubes par la pensée et vérifier que les couleurs des faces ne sont pas les mêmes). Sur la page suivante, les patrons A et B du cube semblent différents, mais quand on les replie on s'aperçoit qu'ils correspondent au même arrangement de couleurs. Le patron C donne un cube différent de A et B.

A

B

C

Comment pouvons-nous distinguer les cubes ? Lucile pense à la face qui sera toujours devant : ce sera la face rouge. La face opposée à la face rouge pourra avoir cinq couleurs différentes. On les prendra toutes successivement. Supposons que notre premier choix soit la face orange. Les quatre couleurs restantes devront être placées sur les quatre autres faces, entre les faces rouge et orange. Cela peut être fait de six façons :

jvbm

jvmb

jbvm

jbmv

jmvb

jmbv

La face rouge étant toujours devant nous peignons maintenant en jaune la face opposée ; il y a encore six façons de peindre avec les quatre couleurs restantes les faces situées entre le rouge et le jaune. Le même raisonnement s'applique pour les faces verte, bleue et mauve opposées au rouge.
Cinq couleurs sont sur la face opposée au rouge et pour chacune de ces cinq couleurs il y a six façons de colorier les autres faces avec les quatre couleurs restantes. Donc il y a en tout $5 \times 6 = 30$ combinaisons différentes.

SOLUTION

Lucile peut fabriquer 30 cubes de couleurs différentes. Or, avant de commencer la peinture, elle retrouve un pot de peinture blanche et se demande combien, avec cette septième couleur, elle pourrait faire de cubes dont les six couleurs des faces seraient différentes ? À vous de jouer !

Exercice 13

Le plus grand cube

PROBLÈME

Côme est fabriquant de boîtes. Pendant des années, il a découpé des patrons de cubes à partir d'une feuille de carton comme indiqué sur la figure ci-contre (nous ne tenons pas compte des petites languettes nécessaires pour réunir deux faces). Un jour il se demanda s'il ne serait pas possible de découper, dans la même feuille de carton, le patron d'un cube plus grand, car il gaspillerait alors moins de carton. Quel est le plus grand volume dont il peut obtenir un patron par découpage dans un carré de carton?

DÉMARCHE

Nous choisissons un carré 20×20, peu importe l'unité (nous verrons pourquoi plus tard). La longueur de chaque arête du cube est de 5 unités et le volume du cube est donc $5 \times 5 \times 5 = 125$ unités au cube.

Côme pense que le volume du cube sera plus grand si nous mettons le patron diagonalement sur le carton.

• Côme place le patron du cube selon une diagonale du carré.

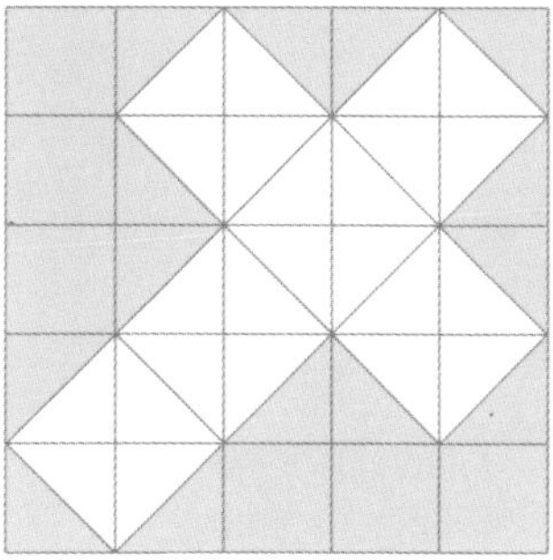

• L'écart entre deux droites du quadrillage est de quatre unités. Côme sait calculer le volume du cube formé à partir du patron.

• Au troisième essai, Côme construit un cube dont le volume est presque trois fois celui du premier essai.

Côme doit calculer la longueur du côté du carré pour déterminer le volume du cube formé à partir du patron. Pour cela il marque un trait toutes les quatre unités sur les bords du carton et trace le quadrillage correspondant (c'est pour cela que nous avons choisi un carré 20×20).

Nous remarquons que chaque côté d'un carré du nouveau patron est l'hypoténuse d'un carré de côté de longueur 4. En appliquant le théorème de Pythagore, la longueur de ce côté est la racine de $(4^2 + 4^2)$ c'est-à-dire la racine de 32, environ 5,66. Le cube de 5,66 est environ 181. Le gain est de 45 % par rapport au volume précédent.
Côme alla se coucher triomphant, mais il se réveilla avec une soudaine inspiration : il pouvait faire une boîte encore plus grande.
La longueur d'une arête dans cette solution est la racine carrée de $(5^2 + 5^2)$ c'est-à-dire la racine de 50, qui est un peu supérieure à 7 et crée un volume de 354 cubes unités.

SOLUTION

À partir d'un carton carré, Côme crée un cube de volume presque trois fois plus grand que le premier cube qu'il avait fabriqué et gaspille ainsi beaucoup moins de carton.

LES SOLIDES D'ARCHIMÈDE

Nous savons paver un plan avec des hexagones ; ces hexagones pourraient-ils être aussi utilisés pour recouvrir une sphère ? Un ballon de football est formé d'hexagones et de pentagones et ce ballon est un exemple de polyèdre appartenant à une collection qui intéressait Archimède.

Découpe du cube

Imaginons un cube plein. Supposons maintenant que nous tranchions une partie en enlevant un coin et en créant ainsi une nouvelle face. Quelle forme cette nouvelle face aura-t-elle ? La coupe tranchera à travers les trois carrés constituant les faces et nous formerons un triangle. Si nous coupons le cube en conservant la symétrie, le triangle sera équilatéral. Si nous coupons le même triangle à chacun des huit sommets nous obtenons un polyèdre à 14 côtés qui n'est qu'un cube coupé.

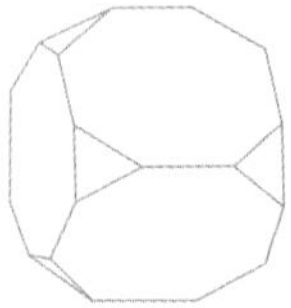

Ce nouveau solide a six faces octogonales (obtenues à partir de faces carrées) et huit faces triangulaires. Évidemment ce polyèdre n'est pas un solide platonicien puisque ses faces ne sont pas identiques, mais il a quelques propriétés en commun avec lui. Les coupes peuvent être faites pour que les triangles soient équilatéraux et égaux, leur taille peut être telle que les octogones de chaque face soient réguliers. Le nouveau polyèdre a 24 sommets, chaque ancien sommet du cube étant remplacé par trois nouveaux sommets ; chacun de ces 24 sommets a la même configuration, deux octogones et un triangle. Ce polyèdre est « semi-régulier ».

Découpe des solides platoniciens

Comme nous l'avons fait pour le cube, nous pouvons enlever des morceaux égaux des sommets des quatre autres solides platoniciens. Dans ces polyèdres semi-réguliers, tous les nouveaux sommets ont la même configuration. Ainsi, nous pouvons décrire chacun de ces solides par la suite, dans l'ordre, des polygones qui se joignent à chaque sommet : le cube tronqué est défini par 3, 8, 8 – triangle, octogone, octogone. Voici le tétraèdre, l'octaèdre, le dodécaèdre et l'icosaèdre tronqués avec leur notation que vous pouvez vérifier.

- Tétraèdre tronqué (3, 6, 6)
- Octaèdre tronqué (4, 6, 6)
- Dodécaèdre tronqué (3, 10, 10)
- Icosaèdre tronqué (5, 6, 6)

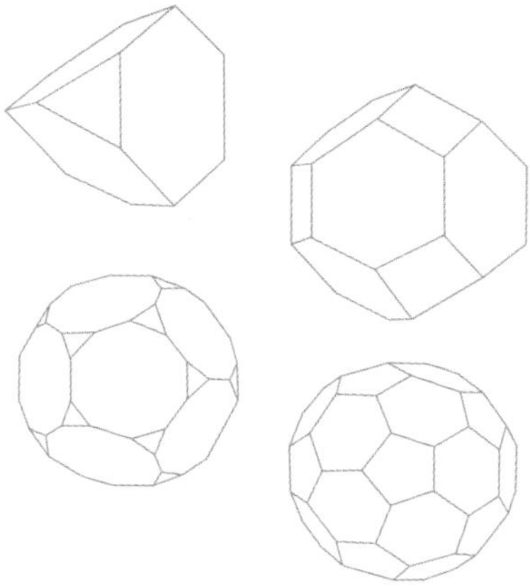

Certains ballons de football sont des icosaèdres tronqués.
Pour quiconque s'inquiéterait des difficultés de la nomenclature indiquée, souvenons-nous que le cube a un autre nom, l'hexaèdre. Un cube tronqué est aussi un hexaèdre tronqué.

Dualités

Revenons au cube et imaginons que nous coupions des coins de plus en plus grands, tout en gardant des sections en triangle équilatéral. À mi-côté, les coupes se rencontrent. La forme tronquée aura toujours 14 faces, mais les octogones deviennent des carrés.
La notation de ce polyèdre est (4, 3, 4, 3) ; à chaque sommet se rencontrent un carré, un triangle, un carré et un triangle, dans cet ordre. Le polyèdre est un cubooctaèdron.

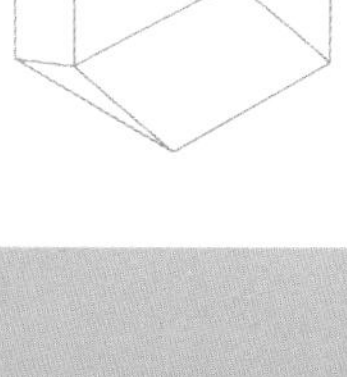

Un résultat surprenant est qu'une coupe à mi-côté d'un octaèdre donne exactement le même polyèdre. C'est parce que le cube et l'octaèdre sont des formes duales. Elles ont le même nombre d'arêtes (12) et le nombre de faces de l'une est égal au nombre de sommets de l'autre et vice versa. Le cube a six faces, l'octaèdre, a six sommets ; l'octaèdre a huit faces, le cube a huit sommets. Imaginons que nous ayons placé un point au milieu de chaque face d'un cube et que nous considérions ces points comme les sommets d'un nouveau polyèdre, joignant les points les plus proches : nous obtenons le squelette d'un octaèdre. Et si nous faisons l'opération en sens inverse, plaçant des points au milieu des arêtes de l'octaèdre, et les joignant, nous obtenons un cube.
De cette constatation, nous déduisons que chaque polyèdre est le *dual* de l'autre.

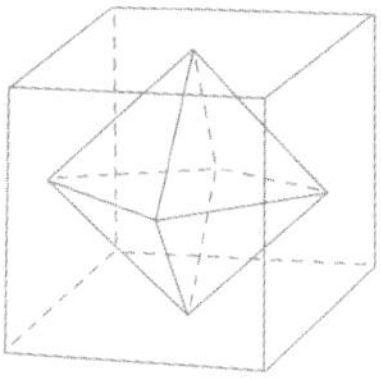

La même relation de dualité relie le dodécaèdre et l'icosaèdre. Là encore, la coupe d'un de ces polyèdres au milieu des arêtes donne le même polyèdre semi-régulier, l'icosidodécaèdre (3, 5, 3, 5)

Ainsi à partir des cinq polyèdres platoniciens nous avons créé par troncature sept nouveaux polyèdres semi-réguliers. Avons-nous obtenu l'ensemble complet des polyèdres semi-réguliers ? Non, il en existe 13. Ils furent définis par Archimède et portent son nom.

Exercice 14

Le théorème d'Euler

PROBLÈME

Grégoire manipulait des polyèdres et était fasciné par le fait que certains couples de polyèdres étaient duals (voir page 85). Il se demandait s'il n'existait pas une relation entre le nombre de faces, de côtés et de sommets d'un polyèdre. Un examen systématique de leurs nombres dans les solides platoniciens a révélé qu'une telle relation existait bien.

DÉMARCHE

Commençons par le cube car nous pouvons prendre un dé pour y compter le nombre de faces, d'arêtes et de sommets. Il y a 6 faces, 12 arêtes et 8 sommets, ce que nous inscrivons dans ce tableau.

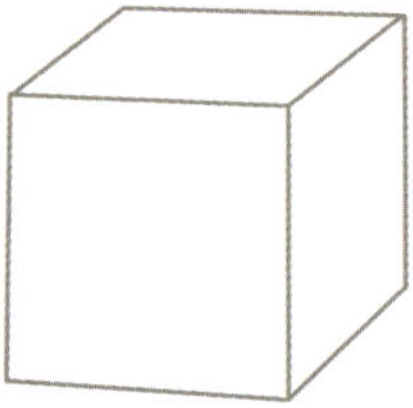

Polyèdre	Faces (F)	Arêtes (A)	Sommets (S)
Cube	6	12	8

Faisons le même dénombrement pour les autres solides platoniciens.

Polyèdre	Faces (F)	Arêtes (A)	Sommets (S)
Cube	6	12	8
Tétraèdre	4	6	4
Octaèdre	8	12	6
Dodécaèdre	12	30	20
Icosaèdre	20	30	12

Avant de continuer la lecture, vous pouvez rechercher une relation entre les nombres de chaque polyèdre. Grégoire pense que chaque polyèdre a un dual, et que si cette relation existait il devait être possible d'échanger les valeurs de F et de S sans changer la relation valable pour tous les polyèdres. Aussi la formule ne peut être quelque chose comme $2F + 5S$ car $2S + 5F$ n'auraient pas la même valeur.
En essayant quelques combinaisons vous tomberez sur la formule :

$$F - A + S = 2$$

Ceci est le théorème d'Euler. Vous pouvez essayer la formule sur d'autres polyèdres. Par exemple, est-elle toujours valable sur un prisme hexagonal ? Et sur une pyramide à base carrée ?

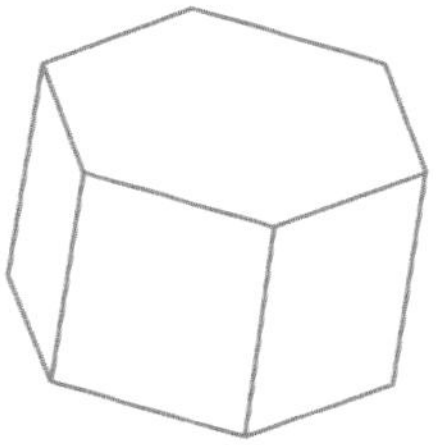

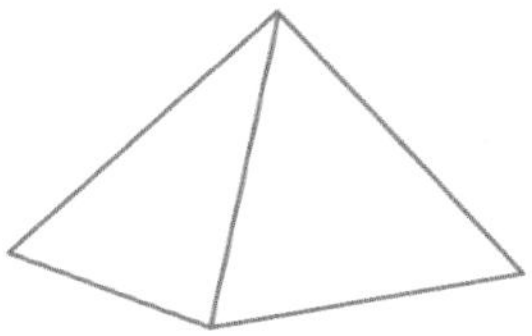

SOLUTION

Le théorème d'Euler indique la relation entre le nombre de faces, de sommets et de côtés des polyèdres. Toutefois il n'est pas toujours valable. Voyons la figure ci-contre. Si les faces avant et arrière ne sont pas planes mais forment un angle, le solide a alors 16 faces, 16 sommets et 32 arêtes.

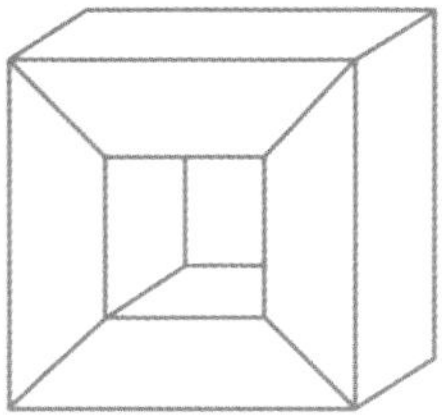

$F - A + S$ est, dans ce cas, égal à 0. Comme nous le verrons plus loin, les solides avec un trou ont posé de nouveaux problèmes aux mathématiciens.

COORDONNÉES CARTÉSIENNES

Les cartes font partie de notre vie quotidienne. Nous tenons pour acquis qu'il est possible de trouver un endroit quand nous en connaissons les coordonnées, que ce soit sur le plan d'une ville ou sur une carte au trésor dans une histoire de pirate. Cette manière de repérer les objets était inconnue avant le XVIe siècle. Euclide et ses successeurs ne se concentraient que sur les propriétés des êtres géométriques. Jusqu'à ce que René Descartes s'ennuie dans son lit.

Regardons une mouche

Selon la légende, Descartes allongé dans son lit, regardait voler une mouche. Il comprit qu'il pouvait décrire la position de la mouche dans la chambre en n'utilisant que trois nombres : de cette inspiration, un éloge de la paresse, naquit le système des coordonnées cartésiennes.

Commençons par deux dimensions où les coordonnées représentent la position d'un point P dans un plan. Un point est choisi pour origine et deux droites perpendiculaires sont issues de ce point. Ce sont les deux axes conventionnellement dénommés l'axe des x et l'axe des y. Nous avons l'habitude de les représenter par une ligne horizontale et une ligne verticale, mais ce n'est pas une nécessité mathématique.

La position du point P est mesurée le long de l'axe des x par la distance x prise à partir de l'origine et par la distance y le long de l'axe des y. Ces distances sont conventionnellement notées (x, y), la distance le long de l'axe

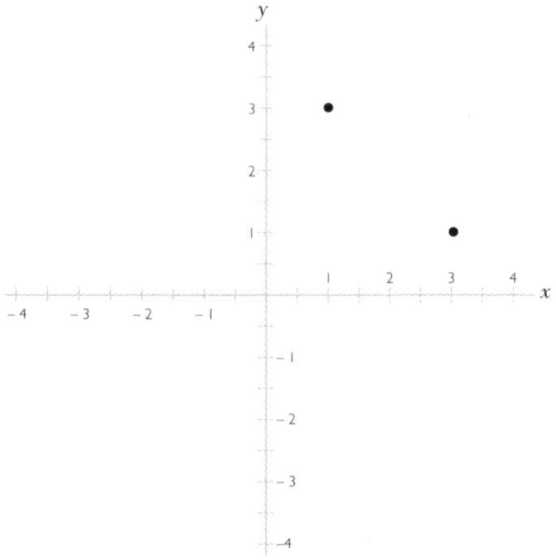

des x suivie par la distance le long de l'axe des y. Ainsi (3, 1) et (1, 3) représentent deux points différents (voir le dessin ci-dessus).

Trois dimensions

Descartes constata que deux nombres ne suffisaient pas pour repérer la mouche dans l'espace et qu'il fallait un troisième nombre qui mesure la distance par rapport au plan des deux autres nombres : un troisième axe passant par l'origine et perpendiculaire aux axes des coordonnées x et y (on ne peut évidemment pas le représenter sur la page). Dénommé l'axe des z, un point dans l'espace est spécifié par (x, y, z). Le nombre des coordonnées nécessaires pour spécifier la position d'un point indique la *dimension.* Les surfaces planes sont à deux dimensions car nous avons besoin de deux nombres pour y spécifier la position d'un point. Sur une ligne à une dimension on repère la position d'un point par sa distance à l'origine le long de la ligne.

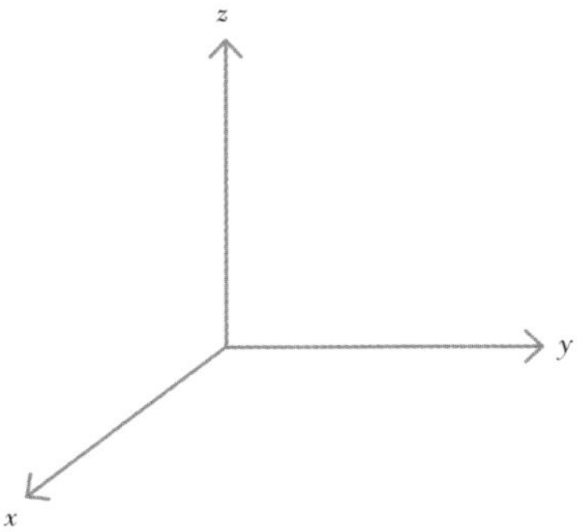

Plus qu'une note de bas de page

Descartes publia pour la première fois son système de coordonnées dans *La Géométrie*, un appendice à son *Discours de la méthode* qui changea profondément le cours des mathématiques : la géométrie et l'algèbre n'étaient plus des branches distinctes des mathématiques. On pouvait exprimer les formes géométriques par des équations algébriques et la géométrie était, en principe, libérée des dessins. Inversement les expressions algébriques avaient une représentation géométrique.
Ainsi, à deux dimensions, une équation comportant les variables x et y définit une figure plane. Par exemple $x^2 + y^2 = 1$ signifie que le point (x, y) est à une distance unité de l'origine et l'équation représente un cercle. À trois dimensions, les équations avec x, y et z représentent des surfaces et $x^2 + y^2 + z^2 = 1$ est la surface d'une sphère dont le centre est à l'origine et le rayon égal à 1.

Le dernier théorème de Fermat

Pendant que Descartes mettait au point son système de coordonnées, Fermat étudiait la géométrie des courbes avec son propre système de coordonnées. Fermat utilisait aussi deux coordonnées (x, y), mais, au contraire de Descartes, ses axes étaient obliques et pas nécessairement à angle droit. Alors que le renom de Descartes est associé à ses coordonnées, Fermat est plus célèbre pour son travail en théorie des nombres, notamment pour son *dernier théorème.* Depuis Pythagore nous savons qu'il existe des solutions en nombres entiers x, y et z de l'équation $x^2 + y^2 = z^2$, par exemple $3^2 + 4^2 = 5^2$ ou $5^2 + 12^2 = 13^2$. Le dernier théorème de Fermat énonce que 2 est la plus grande puissance pour laquelle cela est possible. En d'autres termes $x^n + y^n = z^n$ n'a pas de solution entière pour $n > 2$.
Fermat ne l'a pas prouvé, il fallut attendre 1994 et Andrew Wiles pour avoir une démonstration complète. La preuve est en partie géométrique et sans l'apport de Descartes nous n'aurions pas pu résoudre le problème de Fermat.

Exercice 15

Le cube à quatre dimensions

PROBLÈME

L'écrivain H. G. Wells se demandait pourquoi nous devions nous restreindre à trois dimensions. Pourquoi ne pas imaginer des géométries à quatre dimensions et plus ? Nous ne pouvons peut-être pas créer un cube à quatre dimensions dans notre monde, mais cela est possible dans le monde des mathématiques. Comment imaginer un cube à quatre dimensions ?

DÉMARCHE

Avec les coordonnées cartésiennes nous pouvons localiser les objets dans l'espace. Commençons par le modeste carré dont les côtés sont de longueur 1. Plaçons un sommet de notre carré à l'origine des axes de coordonnées. Les positions des quatre sommets sont (0,0), (0,1), (1,0) et (1,1).

Créons maintenant un nouvel axe, l'axe des z (qui sort de la page) à angle droit avec les axes x et y. Dans ce système de coordonnées, nous pouvons placer les sommets d'un cube.

Nous pouvons aussi aller vers l'arrière et passer du carré à deux dimensions à un segment à une dimension. Notre point origine est à 0 et a pour coordonnée (0) ; si notre segment a une longueur d'une unité, l'autre extrémité est à 1 et sa coordonnée est (1). Nous pouvons maintenant passer du segment au carré, et du carré au cube.

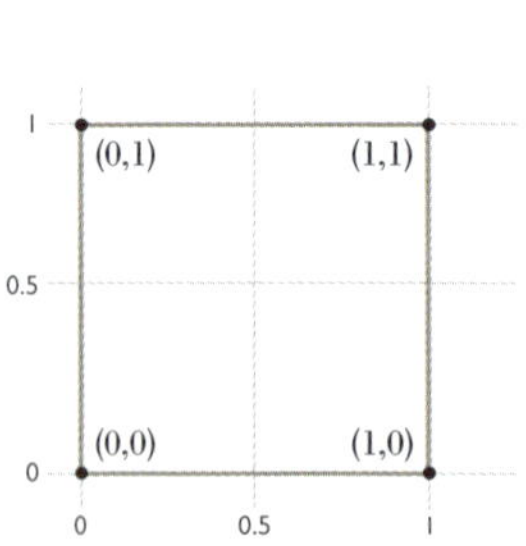

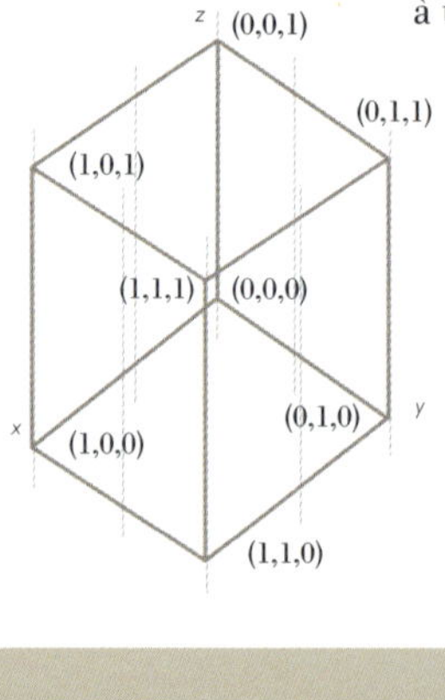

Dimension	Nombe de sommets	Cordonnées
1	2	(0) (1)
2	4	(0,0) (0,1) (1,0) (1,1)
3	8	(0,0,0)
		(0,0,1)
		(0,1,0)
		(0,1,1)
		(1,0,0)
		(1,0,1)
		(1,1,0)
		(1,1,1)

Le nombre de coordonnées nécessaires pour déterminer la position d'un point est égal au nombre de dimensions de l'espace où il est.
Un point dans l'espace à deux dimensions nécessite deux coordonnées, un point dans l'espace à trois dimensions est défini par trois coordonnées. Quand le nombre de dimensions du cube augmente, nous ajouterons une nouvelle coordonnée qui prend la valeur 0 ou 1. Par exemple, pour passer de deux à trois dimensions la coordonnée (0, 0) est prolongée en (0, 0, 0) (le même point dans le plan xy) et (0, 0, 1) (un nouveau point ajouté par le nouvel axe des z). Ainsi le nombre de sommets double chaque fois que nous ajoutons une nouvelle dimension.
Rien ne peut maintenant nous empêcher de prolonger notre théorie à trois dimensions.
Le nombre de sommets est doublé par rapport au cube ($8 \times 2 = 16$) obtenus en ajoutant une nouvelle coordonnée de valeur 0 et 1 à chacune des coordonnées des sommets du cube.

(0,0,0,0)
(0,0,0,1)
(0,0,1,0)
(0,0,1,1)
(0,1,0,0)
(0,1,0,1)
(0,1,1,0)
(0,1,1,1)
(1,0,0,0)
(1,0,0,1)
(1,0,1,0)
(1,0,1,1)
(1,1,0,0)
(1,1,0,1)
(1,1,1,0)
(1,1,1,1)

SOLUTION

Le cube à quatre dimensions est nommé hypercube ou tesseract. Bien qu'il ne puisse être construit dans notre espace nous pouvons le concevoir par généralisation.
Salvador Dalí a tiré profit de ces idées mathématiques dans son tableau *Christus Hypercubus*, où le Christ est crucifié sur un tesseract.

COORDONNÉES SUR LA SPHÈRE

Nous avons vu comment les coordonnées cartésiennes permettent aux mathématiciens de dépasser trois dimensions et d'imaginer un cube à quatre dimensions (voir pages 90–91). Les coordonnées sont aujourd'hui partout, du graphique des fluctuations de la température d'un malade au repérage par le GPS. Mais nous avons toujours supposé que nous travaillions sur un plan ; que se passe-t-il sur une surface courbe comme la sphère terrestre ?

Positions sur une sphère

Dans notre étude des positions sur la Terre où deux coordonnées suffisent, nous supposerons que la Terre est une sphère parfaite. Toutefois au lieu de spécifier des distances le long des axes x et y, les coordonnées sont la longitude et la latitude.

La longitude mesure de combien vous vous êtes déplacé autour du globe, vers l'Est ou vers l'Ouest à partir d'un méridien de référence. Les lignes de longitude sont des grands cercles, le centre de la Terre étant le centre de tous les cercles méridiens.

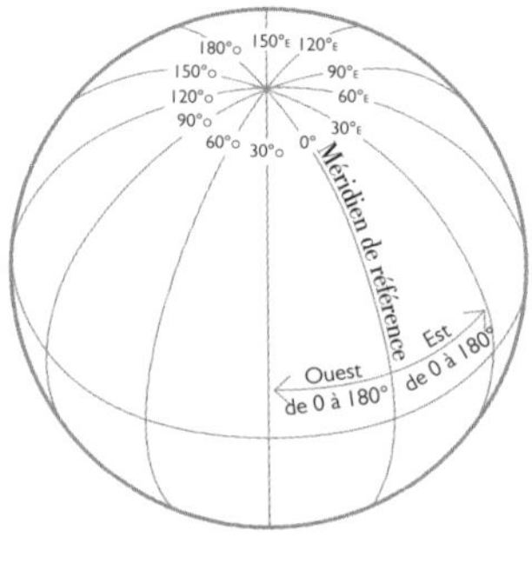

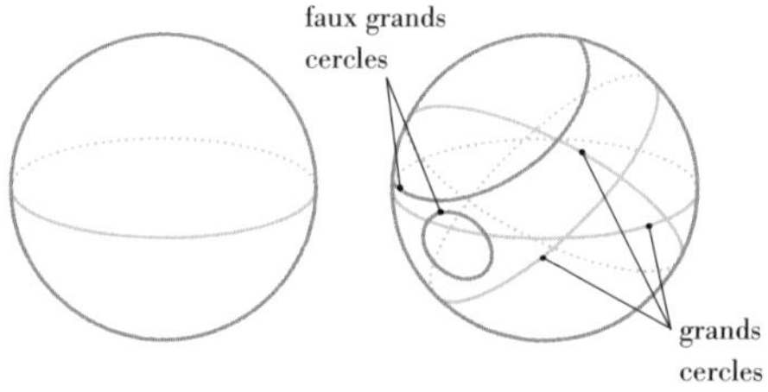

Chaque grand cercle d'une sphère divise la sphère en deux parties égales, les deux hémisphères. Par deux points sur la sphère passe un grand cercle et un seul. Vous pouvez imaginer que vous obtenez ce cercle en coupant la sphère par un plan passant par ces deux points et le centre de la sphère.

La latitude est mesurée le long de cercles, le plus grand d'entre eux étant l'équateur, aussi un grand cercle. Ce grand cercle est la référence à partir de laquelle les mouvements Nord et Sud sont calculés. Avec un sextant, les marins mesuraient leur position par l'angle du Soleil au-dessus de l'horizon. La nuit ils mesuraient la latitude en pointant le sextant sur l'étoile polaire.

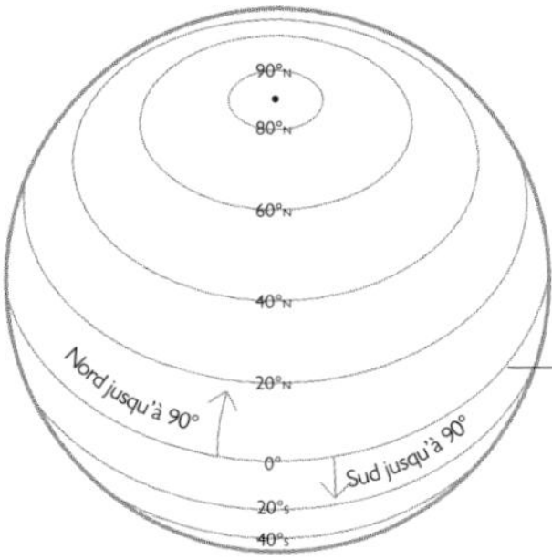

• La latitude mesure l'angle entre le sol et le Soleil à l'équinoxe.

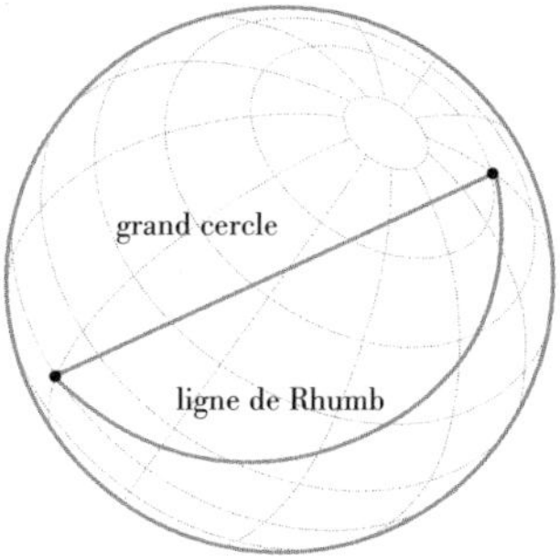

• La ligne de Rhumb est le trajet qui fait un angle constant avec les méridiens.

La mesure de la longitude est plus délicate et défia longtemps les mathématiciens et les marins.
Les mesures de l'heure du lever et du coucher de Soleil, et du mouvement des étoiles et de la Lune résolurent le problème. En utilisant une montre très précise qui mesurait le temps du port de départ et en comparant cette heure à l'heure locale des pays traversés, il était possible de calculer la longitude. En 1736, John Harrison inventa un chronomètre de marine suffisamment précis pour permettre cet exploit.
Le calcul imprécis de la longitude avait été responsable de nombreux naufrages et la perte de milliers de marins. Bien évidemment les sextants et les chronomètres de marine sont remplacés aujourd'hui par le GPS.

Ligne de Rhumb

Supposons que nous voyagions entre deux points du globe le long du grand cercle joignant ces deux points. En théorie, si vous continuez toujours dans la même direction, vous finirez par revenir à votre point de départ.
Supposons que votre destination soit à l'Est de votre point de départ (vous êtes dans l'hémisphère Nord et non à l'équateur).
Si vous bloquez votre boussole avec un certain angle par rapport aux méridiens vous ne suivrez pas un grand cercle mais une ligne de Rhumb ou loxodromie.
Au contraire d'un trajet le long d'un grand cercle, le parcours le long d'une ligne de Rhumb ne vous ramènera pas à votre point de départ mais vous conduira près d'un pôle. Vous décrirez une spirale comme indiqué sur la figure ci-dessous.

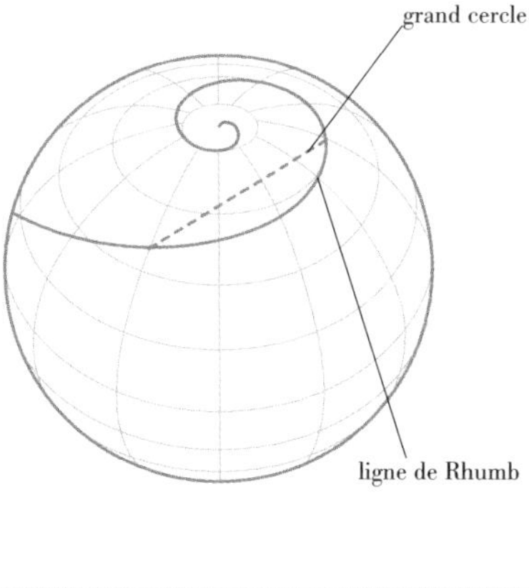

Exercice 16 Trajectoires

PROBLÈME

Bien calée dans son fauteuil, Jeanne est à bord de l'avion New York-Rome. Elle allume sa télévision pour regarder la trajectoire de l'avion.
À sa grande surprise, l'avion ne semble pas prendre la route la plus directe. D'après la carte du monde du magazine fourni par la compagnie aérienne, elle s'attendait à voler vers l'Est : or le trajet de l'avion monte vers le Nord. Le pilote s'est-il endormi ?

DÉMARCHE

Pour comprendre ce qui se passe, nous allons examiner un modèle simple. Supposons que le rayon de la Terre soit égal à une unité (nous ferons un changement d'échelle à la fin). Notre voyage part d'une latitude de 45° N pour arriver au point du globe à la même latitude mais après un demi-tour de 180°.

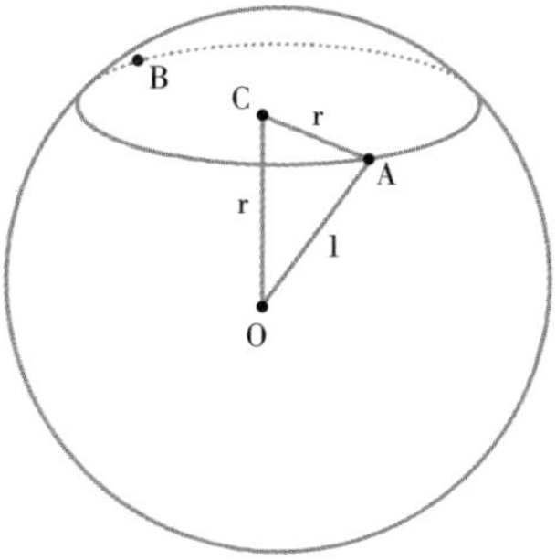

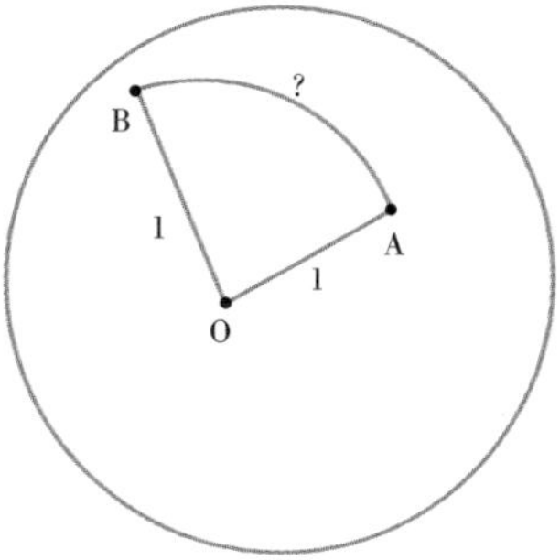

En voyageant de A à B vers l'Est (ou vers l'Ouest) la distance parcourue sera la moitié de la circonférence du cercle de centre C. Nous déterminons le rayon r de ce cercle en appliquant le théorème de Pythagore dans le triangle OAC, où O est le centre de la sphère. Ce triangle est isocèle puisque l'angle $\widehat{COA}$ est égal à l'angle $\widehat{OAC}$, tous deux égaux à 45°. Donc :

$$r^2 + r^2 = 1^2$$
$$2r^2 = 1$$
$$r = \frac{1}{\sqrt{2}}$$

La longueur de la circonférence est $2\pi r$, la moitié πr, soit puisque $r = 1/\sqrt{2}$, $\sqrt{2}\pi$.

L'autre trajet pour aller de A à B est le grand cercle passant par A et B et sa longueur celle de l'arc AB. L'angle $\widehat{AOC}$ étant égal à 90° sa longueur est le quart d'un grand cercle.

Le rayon du grand cercle est égal à 1, la longueur de sa circonférence est 2π et le quart est $\pi/2$. Comme $\sqrt{2} < 2$, $\pi/\sqrt{2} > \pi/2$ (diviser par un nombre plus petit donne un nombre plus grand). Dans ce cas particulier, il est plus court de passer par le grand cercle que d'aller directement vers l'Est.

Ce résultat s'applique pour tous points à la même latitude : la distance le long du grand cercle sera toujours inférieure à la portion de cercle parallèle (sauf quand les deux points sont sur l'équateur, qui est un grand cercle). En fait l'arc de grand cercle joignant deux points de la Terre est toujours la plus courte distance.

SOLUTION

Le pilote suit le grand cercle joignant New York et Rome car c'est la plus courte distance. Jeanne peut se carrer dans son fauteuil et boire tranquillement son jus d'orange, le pilote prend bien le chemin le plus court.

Carl Friedrich Gauss

Carl Friedrich Gauss était un mathématicien et scientifique allemand. Pour Gauss, les mathématiques étaient la reine des sciences et il est connu comme «le prince des mathématiciens». Il lança un grand nombre d'idées nouvelles en science, en mathématiques, dont la géométrie.

Gauss comprit les limites de la géométrie euclidienne et mis au point une nouvelle géométrie pour les surfaces courbes et les surfaces à plusieurs dimensions. Il comprit que des courbes "parallèles" à la surface de la Terre, comme par exemple les méridiens, pouvaient se couper aux pôles.

Des faits d'armes

Gauss est classé parmi les dix prodiges de l'humanité. C'était un enfant surdoué et à l'âge de trois ans, il avait appris à lire tout seul et maîtrisait des notions arithmétiques complexes.

Il corrigeait déjà les erreurs de comptabilité de son père. Quand il était petit son instituteur demanda aux élèves de sa classe d'additionner tous les nombres de 1 à 100. Il ne fallut guère de temps à Gauss pour écrire sur son ardoise la réponse 5050, ayant vu immédiatement la formule pour déterminer la somme d'une série arithmétique. Il avait des dons pour le calcul mental, utilisant une méthode par logarithme de sa propre invention. À l'âge de 19 ans, Gauss expliqua comment construire un polygone à 17 côtés en n'utilisant que la règle et le compas. Il avait découvert ce que tous les autres géomètres avaient vainement cherché depuis Euclide.

À sa mort, l'autopsie révéla que son cerveau était grand et lourd et sillonné de profondes crevasses. Pendant des années les anatomistes pensèrent que c'était là le signe du génie.

La vie de Gauss

Carl Friedrich Gauss (représenté à gauche sur une lithographie de 1828) naquit en 1777 à Brunswick en Allemagne. Ses parents étaient pauvres et ignorants, son père exerçant le métier de tailleur de pierre. Gauss fut si brillant à l'école qu'il attira l'attention du Duc de Brunswick, lequel paya les frais de son éducation au lycée et à l'université. Dans ces institutions, Gauss fit d'importantes découvertes mathématiques.

En 1801, à 24 ans, il publia les *Disquisitiones Arithmeticae*. La même année il calcula la position de la planète Cérès inventant pour cela une théorie statistique et introduisit la distribution de Gauss ou distribution normale.

À la mort de son bienfaiteur en 1807, Gauss fut nommé directeur du nouvel observatoire de

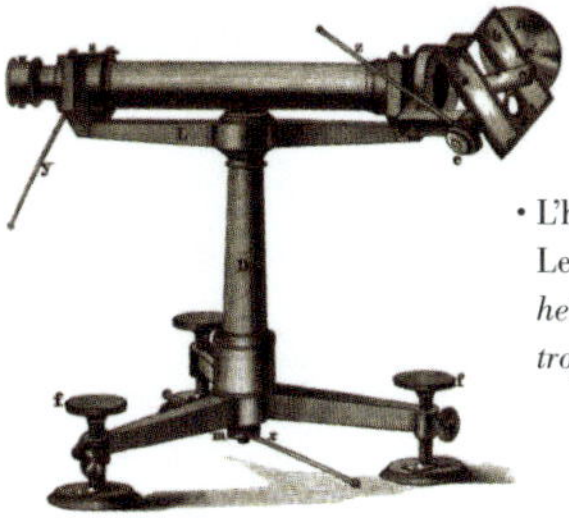

• L'héliotrope de Gauss. Le mot vient du grec *helios* « soleil » et *tropos* « comme ».

Göttingen. En 1818 il inventa l'héliotrope, appareil à miroir qui permettait de projeter les rayons du Soleil sur un point éloigné et de suivre son mouvement. L'appareil lui servit pour un relevé géodésique de l'État de Hanovre. Cela l'inspira pour l'étude des géométries non euclidiennes, qu'il ne publia pas car il redoutait des échanges interminables d'arguments avec des Euclidiens irréductibles. Quand deux autres mathématiciens, son élève János Bolyai et le Russe Nikolai Lobachevsky, publièrent leurs études de géométries non euclidiennes, Gauss revendiqua la paternité de ces idées.

Gauss, qui ne voulait divulguer que des travaux aboutis, publia très peu de son vivant. Il se maria deux fois et eut sept enfants. On raconte que, interrompu dans son travail par l'annonce de l'imminence de la mort de sa femme, il dit: « Qu'elle attende un moment, que j'aie fini. » Il mourut à Göttingen en 1855.

QU'EST-CE QUI PORTE LE NOM DE GAUSS ?

Le nom de Gauss est associé à un nombre étonnant d'idées et de découvertes, montrant sa grande influence sur les mathématiques et la science.
Voyons quelques exemples:

- La loi de Gauss en électricité.
- Le gauss, G, unité de mesure du champ magnétique. Le champ magnétique terrestre est compris entre 0,31 et 0,58 gauss.
- La projection de Gauss fait correspondre à un point d'une courbe ou d'une surface un point de la sphère unité.
- La courbure de Gauss est la mesure de la courbure d'une surface.
- L'expédition de Gauss de 1901 à 1903 était le nom de l'expédition allemande vers le pôle sur le navire *Gauss*, durant laquelle un volcan éteint fut nommé *Gaussberg*.
- L'astéroïde *Gaussia*.
- La tour de Gauss, une tour d'observation allemande.
- Le cratère de Gauss sur la Lune.
- La gausienne, ou distribution normale, ou courbe en cloche, en statistique.
- Un entier de Gauss est un nombre complexe dont les parties réelle et imaginaire sont toutes deux entières.
- La constante de Gauss, notée G, est l'inverse de la moyenne arithmético-géométrique de un et de la racine carrée de deux.
- Le logiciel de Gauss dessine les lignes et les surfaces définies algébriquement à trois dimensions.

Exercice 17

La chasse à l'ours

PROBLÈME

Jonathan va à la chasse à l'ours. Il part de sa tente et marche droit vers le Sud pendant 30 minutes puis il fait un quart de tour et marche pendant 30 minutes toujours droit devant lui. Ensuite il tourne à nouveau de 90° et marche encore droit devant lui et après 30 minutes il est de retour à sa tente. Pendant tout ce temps un ours le regarde marcher.
Quelle est la couleur de l'ours?

DÉMARCHE

L'ours est un ours blanc. Pour suivre ce trajet, Jonathan doit être au pôle Nord. Là, il n'est pas étonnant qu'il ait marché trois fois en ligne droite et se soit retrouvé à son point de départ: il a parcouru les trois côtés d'un triangle, et tourné deux fois de 90°. Comment est-ce possible, car la somme des angles d'un triangle est égale à 180°? Aucun triangle ne peut avoir deux angles droits. Que se passe-t-il?

Commençons par analyser pourquoi la somme des angles d'un triangle est égale à 180°. Traçons un triangle ABC de base AB et une droite parallèle à la base passant par le point C.

Allez voir p. 100–101 pour plus d'informations sur la géométrie non euclidienne.

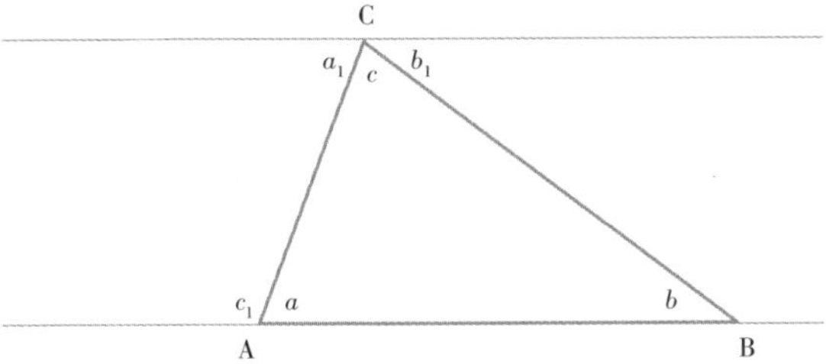

Le parallélisme des droites fait que les angles a et a_1 et les angles b and b_1 sont égaux. La somme $a_1 + b_1 + c$ est égale à 180°, donc $a + b + c = 180°$.
Mais ce raisonnement n'est valable que pour des triangles plats et d'étranges choses arrivent sur une sphère. Oublions un instant Jonathan et imaginons que la base AB du triangle soit sur l'équateur. Nous pouvons dessiner ce qui ressemble au même type de triangle. Sa base repose sur un grand cercle (voir p. 92), mais la droite passant par C est un parallèle et NON un grand cercle. Cela a pour conséquence que l'angle a est plus grand que a_1 et l'angle b est aussi plus grand que l'angle b_1. Aussi la somme de a_1, b_1 et c vaut encore 180°, mais la somme de a, b et c vaut plus que 180°.

SOLUTION

La somme des angles d'un triangle plan est égale à 180°. Mais la somme des angles d'un triangle peut dépasser 180°. Cette réalité modifiait la vision euclidienne de la géométrie et ouvrait la voie à d'autres géométries, non euclidiennes.

Nikolai Lobachevsky

Lobachevsky était un mathématicien russe, quelquefois nommé le Copernic de la géométrie. En 1829, il publia un article définissant les grandes lignes de la géométrie non euclidienne où le cinquième postulat d'Euclide n'est plus utilisé. Ce cinquième postulat stipule que par un point extérieur à une droite on ne peut mener qu'une parallèle à cette droite. Lobachevsky inventa une géométrie des surfaces courbes où les droites parallèles se coupent ou divergent. Un mathématicien hongrois, János Bolyai, développa indépendamment les géométries non euclidiennes. Lobachevsky et Bolyai ne se connaissaient pas.

La grande idée de Lobachevsky fut d'imaginer qu'il y a plus d'une façon de tracer une droite passant par un point qui ne coupe pas une droite parallèle à elle. La conséquence extraordinaire de cela est que la somme des angles d'un triangle n'est pas nécessairement 180°.
Il est vrai que Gauss avait étudié ces possibilités 30 ans avant, mais n'avait pas osé les publier. Gauss affirma que son travail avait

inspiré Lobachevsky et Bolyai. Cette accusation a été rendue célèbre par la chanson *Lobachevsky* du mathématicien et satiriste américain Tom Lehrer.
Quand János Bolyai découvrit que Lobachevsky avait publié le premier sur le sujet, il fut convaincu que Gauss avait inventé un personnage fictif dénommé *Lobachevsky* pour priver Bolyai de la gloire de la découverte.

«Je n'oublierai jamais le jour où j'ai rencontré le grand Lobachevsky. En un mot il me livra le secret de la réussite en mathématiques : le plagiat ! » ***Tom Lehrer***

La vie de Lobachevsky

Nikolai Ivanovich Lobachevsky (1792–1856) étudia à l'université de Kazan où il suivit les cours d'un ancien professeur de Gauss. Il devint professeur de cette même université, enseignant les mathématiques, la physique et l'astronomie. Il se maria et eut 15 enfants, trois seulement atteignant l'adolescence. Il partit de l'université en 1846 pour raison de santé. Il mourut dans la misère en 1856.

Un faux scandale ?

La plus grande réussite de Lobachevsky fut la géométrie non euclidienne. Il enseigna le sujet en 1829 et publia un article intitulé « Un aperçu concis sur les fondements de la géométrie » suivi par « Nouveaux fondements de la géométrie » en 1835. Gauss pensait que ces idées feraient scandale et c'est pourquoi il ne publia pas ses résultats 30 ans auparavant. Or, les articles de Lobachevsky n'eurent que peu d'écho, ce qui le déçut. Toutefois, les idées du mathématicien étaient révolutionnaires et eurent un fort impact en géométrie.

William Hamilton

Portrait

Les travaux du mathématicien, physicien et astronome irlandais William Rowan Hamilton (1805–1865) en mécanique et en algèbre furent capitaux. Hamilton fut un enfant prodige, à l'âge de cinq ans il savait le latin, le grec et l'hébreu. À 21 ans, il fut nommé professeur d'astronomie au Trinity College, à Dublin et astronome royal.

La quatrième dimension

En 1843, lors d'une promenade avec sa femme, Hamilton eut l'idée des *quaternions*. Il était si fier de ses équations qu'il grava dans la pierre du pont de Brougham Bridge: « Et là je compris tout à coup qu'il fallait accepter une quatrième dimension pour calculer avec les triplets. »
Si la géométrie devait décrire le monde réel, comment l'idée d'une quatrième dimension pouvait-elle être acceptée? Toutefois, dès que l'on avait accepté le fait que la géométrie pouvait s'écrire en termes algébriques, il fallait accepter la racine carrée de −1 et bien d'autres nombres complexes. Gauss imagina d'interpréter les nombres complexes comme les points d'un plan. Hamilton travailla pendant des années sur une algèbre à trois dimensions, mais se persuada qu'il fallait passer à quatre, qu'il dénomma quaternions. Les quaternions généralisent les nombres complexes à quatre dimensions.
Ils sont aujourd'hui très utilisés dans les logiciels de calcul des jeux informatiques pour représenter les rotations.

LE JEU DE HAMILTON

En 1857 W. R. Hamilton inventa un jeu: le but était de parcourir toutes les arêtes d'un dodécaèdre une seule fois de façon à passer par tous les sommets une seule fois et de revenir au point de départ. Le jeu fut commercialisé et vendu dans toute l'Europe avec une planche et des fiches en bois qui se plantaient dans des trous aux sommets d'un graphe dodécaédrique. Hamilton vendit les droits du jeu pour 25 livres. Le jeu dénommé *Un voyage autour du monde* eut même une version portable avec un dodécaèdre. Mais ce jeu n'eut pas de succès car on pouvait trouver la solution par essais et erreurs alors que Hamilton voulait que l'on résolve le problème par l'algèbre.
Un trajet de ce type qui passe par chaque sommet et chaque arête une seule fois et où l'on revient à son point de départ est dénommé un chemin hamiltonien.
Hamilton inventa le calcul *icosian* pour le résoudre, fondé sur les symétries de l'icosaèdre. Tous les polyèdres platoniciens peuvent être représentés par un graphe plan et chacun a un chemin hamiltonien.

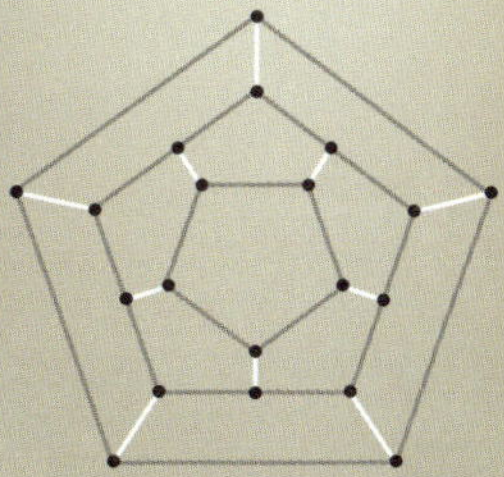

Chapitre

4

Gare à la symétrie !

Avec des taches d'encre, les pliages de papier dessinent de beaux papillons et les poésies de William Blake décrivent la « terrible symétrie » du tigre. Nous sommes naturellement enclins à voir et à créer des objets présentant une certaine symétrie. Les mathématiques ont élargi la notion de symétrie bien au-delà de l'esthétique. La symétrie est actuellement au cœur de nos idées sur l'Univers.

PAVAGES

En Espagne, le palais de l'Alhambra est non seulement magnifique, c'est un chef-d'œuvre mathématique. Comme la tradition islamique interdit la représentation du vivant, les artistes de l'Alhambra utilisèrent leur inventivité pour créer des formes géométriques en n'utilisant que la règle et le compas. Ils dessinèrent des symétries d'une rare complexité.

De simples pavages

Dans notre environnement citadin, nous voyons des surfaces couvertes de motifs réguliers de polygones. La plupart des motifs de base sont des triangles équilatéraux, des carrés ou des hexagones réguliers. Ces formes sont jointives, sans vide ni recouvrement. Ce sont des pavages, le plan pouvant être recouvert à l'infini par de tels motifs.

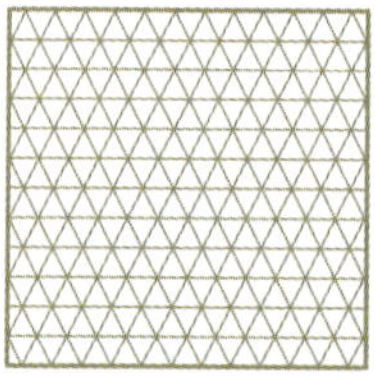

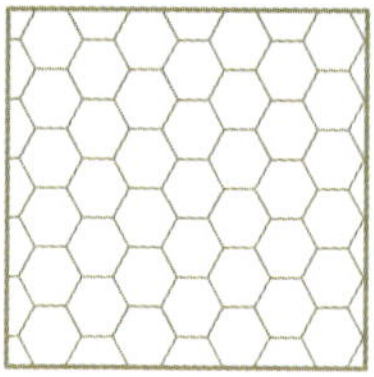

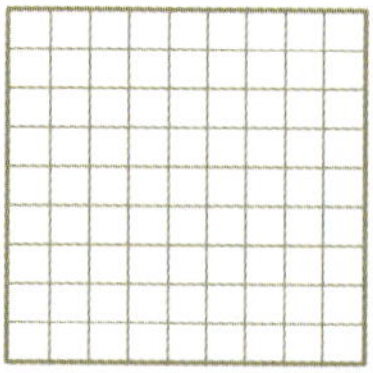

Les abeilles savent d'instinct que les hexagones ont la propriété de paver : elles construisent leurs alvéoles avec des hexagones pour des raisons pragmatiques plutôt qu'esthétiques. Pour un périmètre donné, l'hexagone est la plus grande surface qui pave le plan. Le cercle entoure une plus grande aire, mais les disques ne pavent pas le plan et laissent de trop grands vides entre eux. Nous pouvons montrer cela avec sept pailles ou plus, pressées ensemble : les sections circulaires des pailles se transforment en hexagones.

Pavages pentagonaux

Vous ne verrez jamais de pavage pentagonal. Pourquoi ? Regardez un motif de pavage : là où se rencontrent les polygones, la somme des angles doit être égale à 360°. Avec des carrés c'est possible car quatre carrés d'angle au sommet de 90° donnent bien 360°. De même pour six triangles équilatéraux d'angles de 60°. Pour qu'un polygone régulier puisse paver le plan, les angles au sommet doivent être égaux à un diviseur de 360°.
Nous pouvons calculer les angles au sommet d'un pentagone en examinant les angles « extérieurs ». Imaginons une fourmi suivant le pourtour d'un pentagone dans le sens des aiguilles d'une montre. À chaque sommet la fourmi tournera d'un angle égal à l'angle extérieur au pentagone. Quand elle aura fait un tour complet, soit 360°, elle se retrouvera dans la même orientation qu'au départ et les angles extérieurs valent tous 360° divisé par 5, soit 72°. Pour vous

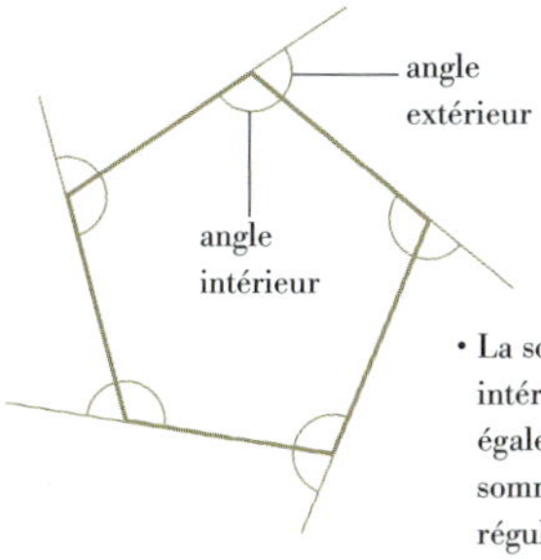

• La somme des angles intérieur et extérieur est égale à 180°, et l'angle au sommet d'un pentagone régulier est de 108°.

convaincre de cela parcourez du doigt le pentagone : vous tournez bien cinq fois. Maintenant que vous connaissez la valeur des angles extérieurs, vous pouvez déterminer la valeur des angles intérieurs ; la somme de l'angle extérieur et de l'angle intérieur valant 180°, l'angle intérieur vaut 180 – 72 = 108°. Or 108 ne divise pas 360 ! Nous ne pouvons mettre que trois pentagones jointifs et il restera un espace vide de 360° – 324° = 36°. En revanche, quatre pentagones se recouvriront.
Remarquez que ce résultat est valide pour tous les polygones convexes. Que le polygone soit régulier ou non, la somme des angles extérieurs sera toujours égale à 360°. Un polygone est convexe si un segment joignant deux points quelconques de son périmètre est toujours à l'intérieur du polygone. Ainsi les parallélogrammes sont convexes, mais pas les étoiles (le segment joignant deux points sur deux pointes adjacentes passe en dehors de l'étoile).
La méthode utilisée pour le pentagone régulier peut être appliquée à tout polygone régulier. La somme des six angles extérieurs d'un hexagone est égale à 360°, chacun des angles intérieurs vaut donc 120° et comme 120 × 3 = 360°, l'hexagone pave bien le plan.

Examinons maintenant un polygone régulier à sept côtés (un heptagone). Il a sept angles extérieurs et chacun vaut 360°/7 = 51,4°, ce qui donne un angle intérieur de 128,6°, lequel ne divise évidemment pas 360°. Nous pourrions tester ainsi d'autres polygones dont le nombre des côtés est toujours plus grand, mais un peu de réflexion nous montre que cet effort est inutile. À mesure que le nombre de côtés augmente, l'angle extérieur diminue et l'angle intérieur augmente. Comme il n'y a pas d'angle de plus de 120° qui divise exactement 360°, sauf 180° qui est un angle plat inutilisable, il n'y a pas de polygone régulier paveur après l'hexagone.
Le triangle équilatéral, le carré et l'hexagone régulier sont les seuls polygones réguliers qui pavent le plan. Nous verrons que le problème du pavage se complique quand nous combinerons des formes différentes.

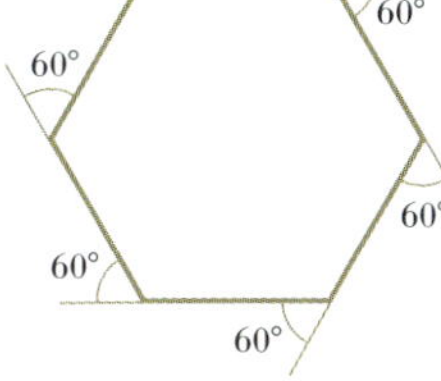

• L'hexagone régulier est un des trois polygones réguliers qui pavent le plan.

Exercice 18

Dallages

PROBLÈME

Maurice fabrique des dalles en céramique. Il a des carrés et des rectangles qui pavent très bien le sol et se demande s'il ne pourrait pas utiliser des quadrilatères plus inhabituels? Par exemple des trapèzes?

Existe-t-il des quadrilatères qui ne pavent pas le plan?

DÉMARCHE

En essayant différentes dispositions de copies du trapèze vous trouverez une disposition où il pave le plan. Vous pouvez mettre les trapèzes bout à bout en bande en retournant un sur deux de 180°, puis accoler les bandes décalées.

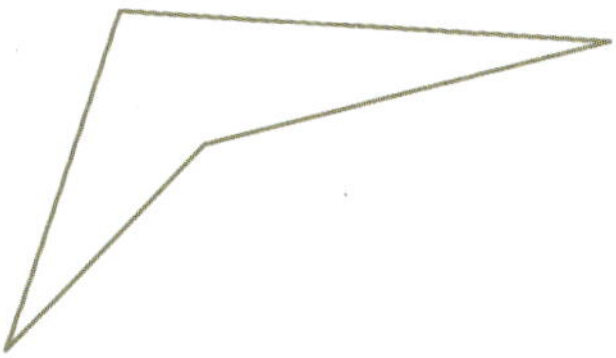

Et avec un quadrilatère comme celui représenté ci-dessus ?

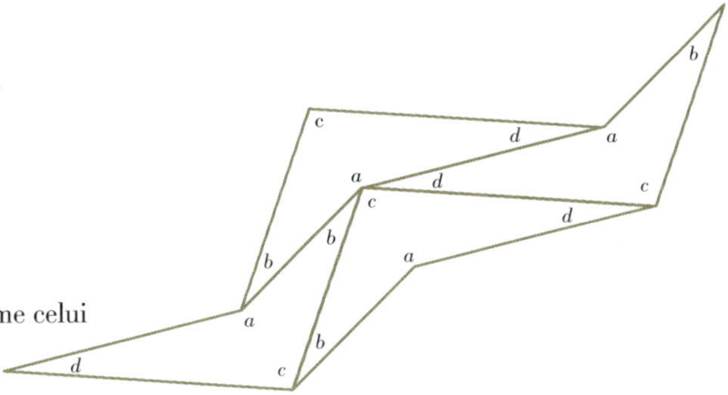

Il semble impossible de paver le plan avec ce quadrilatère. Avec plusieurs copies nous pouvons faire différents essais infructueux et nous pouvons alors obtenir des « sortes » de pavage, où il y a toujours des trous. Il faut étudier de plus près le problème pour voir si oui ou non nous pouvons paver le plan avec ce quadrilatère non convexe.
Notons, tout d'abord, que la somme des angles de ce quadrilatère est égale à 360°. Il n'est pas nécessaire de mesurer les angles, il suffit de réfléchir un peu. Nous pouvons couper le quadrilatère en deux triangles. La somme des angles d'un triangle vaut 180°, le total des angles de ces deux triangles vaut 360°. Si nous reformons le quadrilatère avec les deux triangles, nous voyons que la somme des angles est bien de 360°.
Pour qu'un polygone puisse paver, il faut que les angles à un sommet puissent avoir pour somme exactement 360°. Puisque les quatre angles du quadrilatère ont pour somme 360°, il semblerait possible de les associer pour paver. Nous avons alors la solution pour bien disposer les pièces. Dénommons les angles *a*, *b*, *c*, *d*. En plaçant les quatre angles comme indiqué sur la figure ci-après, le problème est résolu.

Si nous répétons la même disposition à chaque sommet, nous obtenons alors un bon pavage.

SOLUTION

Tous les quadrilatères pavent. Il est clair que les bords sont un peu compliqués et que tous les quadrilatères ne constituent pas des pavages très pratiques. Gardons les carrés ou les hexagones !

PAVAGES ARCHIMÉDIENS

Le triangle équilatéral, le carré et l'hexagone régulier sont les seuls polygones réguliers qui pavent le plan. Toutefois les spécialistes du patchwork ou des dallages mauresques savent que l'utilisation de plusieurs formes différentes donne des pavages plus riches. La géométrie de ces combinaisons est passionnante.

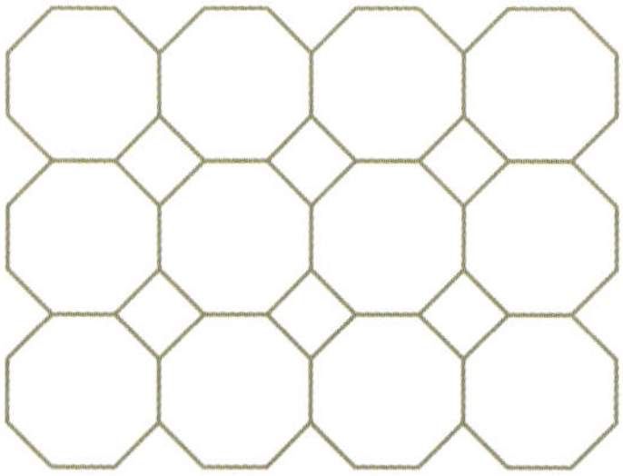

Des pavages plus compliqués

Nous savons que tous les quadrilatères pavent (pages 106–107). Comme deux triangles forment un quadrilatère, il s'ensuit que tous les triangles pavent le plan.
Nous savons que nous ne pouvons pas paver avec des octogones réguliers car les angles au sommet sont trop grands. Mais on peut utiliser des carrés pour remplir les trous. Quels sont les polygones convexes réguliers que nous pouvons associer pour paver le plan ? Les triangles équilatéraux, les carrés et les hexagones réguliers se combinent très agréablement.

Notons qu'à chaque sommet nous retrouvons la même série de polygones : dans l'ordre hexagone, carré, triangle, carré. Une façon utile de noter cette disposition est de faire la liste du nombre de côtés dans l'ordre : (6, 4, 3, 4). Avec cette notation, la combinaison d'octogones et de carrés est notée (8, 8, 4).
Cette notation nous est familière, nous l'avons déjà vue avec les polyèdres (pages 84–85). Les cinq solides platoniciens étaient confectionnés avec seulement un type de polygone régulier. Cette idée fait que les trois pavages formés de triangles, carrés et hexagones

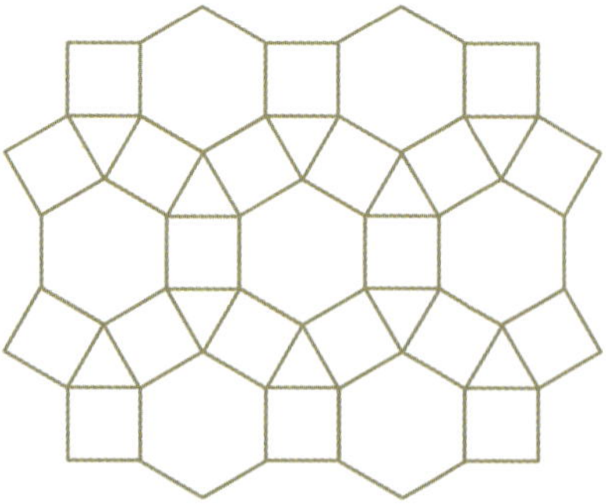

réguliers sont les pavages platoniciens. La notation est (3, 3, 3, 3, 3, 3), (4, 4, 4, 4) et (6, 6, 6). Nous nous souvenons que les polyèdres semi-réguliers sont formés avec plus d'un polygone, mais que tous les sommets sont identiques et que nous avions tiré parti de cette particularité pour leur notation. Cela est encore vrai des pavages semi-réguliers. Les pavages réguliers et semi-réguliers sont nommés les pavages archimédiens (Archimède les étudia le premier). Il y a en tout 12 pavages archimédiens : les trois pavages platoniciens et neuf pavages semi-réguliers. Deux d'entre eux sont représentés sur la page de gauche : (4, 8, 8) et (3, 4, 6, 4). Les six autres, que vous aimerez peut-être dessiner sont : (3, 3, 3, 3, 6), (3, 3, 3, 3, 6), (3, 3, 3, 4, 4), (3, 3, 4, 3, 4), (3, 6, 3, 6), (3, 12, 12), (4, 6, 12).

(3, 3, 3, 3, 6) est indiqué deux fois car il y a deux dispositions possibles.

• Duals

Tout comme les polyèdres archimédiens, les pavages archimédiens ont des pavages duals que l'on obtient en prenant pour nouveaux sommets des polygones les centres des polygones de départ. Nous voyons que le dual d'un pavage de carrés est aussi un pavage de carrés (auto-dual). Les pavages de triangles équilatéraux et d'hexagones sont duals. Un dual particulièrement intéressant est issu du pavage de triangles et de carrés (3, 3, 4, 3, 4). Son dual est un pavage fait de pentagones non réguliers, le « pavage pentagonal du Caire ».

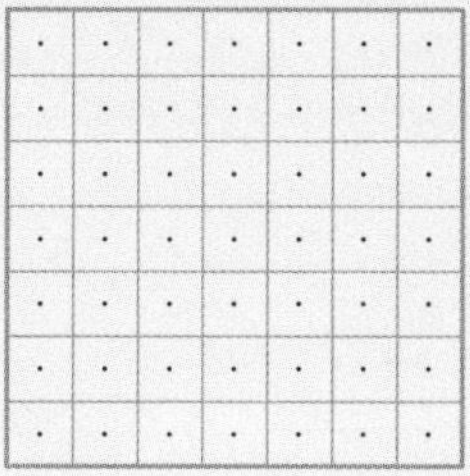

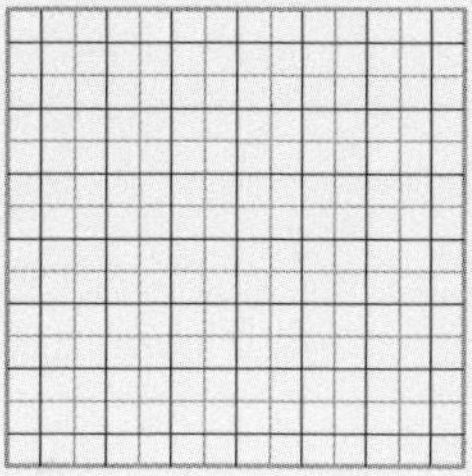

• En marquant le centre de chaque carré vert et en joignant les centres par un segment, nous obtenons le pavage de carrés noirs et inversement. Les deux pavages sont duals.

• Sur les pavages de carrés et de triangles, cinq polygones se rejoignent à chaque sommet (4, 3, 3, 4, 3). En joignant le centre de chaque polygone, nous obtenons le « pavage pentagonal du Caire ».

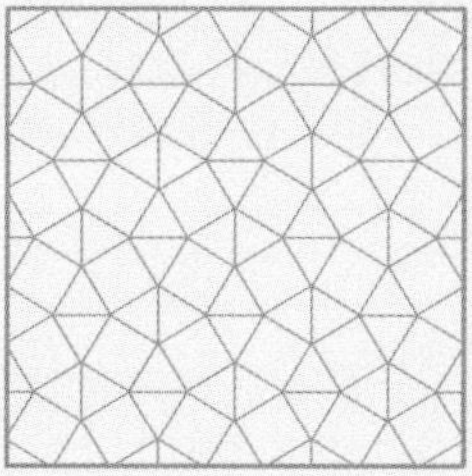

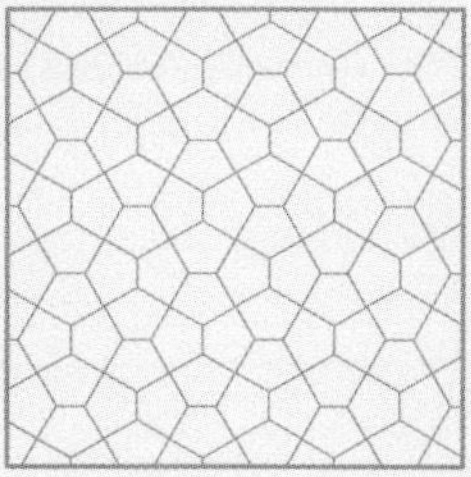

Exercice 19

Imprimés périodiques

PROBLÈME

Héloïse veut imprimer un tissu avec un dessin fondé sur ce pavage.

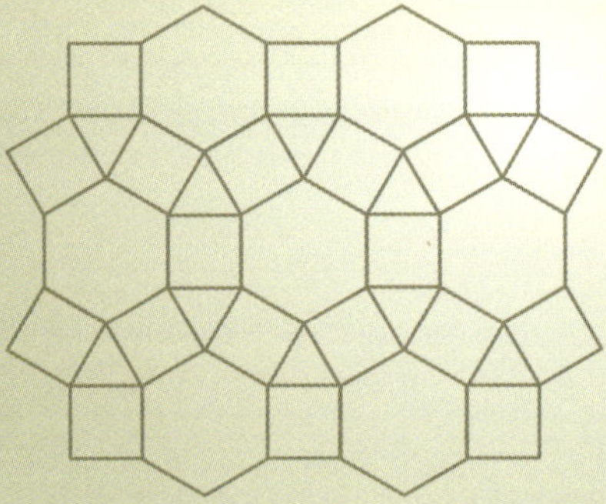

Elle veut utiliser le plus petit nombre de blocs d'impression. Quel est ce nombre ?

DÉMARCHE

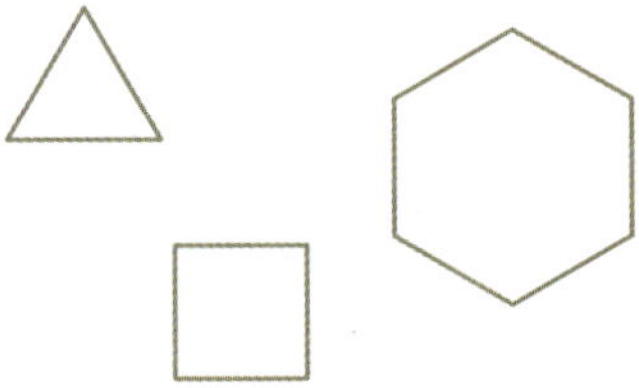

Héloïse pourrait faire trois blocs, un triangle, un carré et un hexagone régulier, et les utiliser très souvent. Cela fonctionnerait mais prendrait beaucoup de temps. Quand nous regardons bien le pavage, un élément unificateur saute aux yeux.

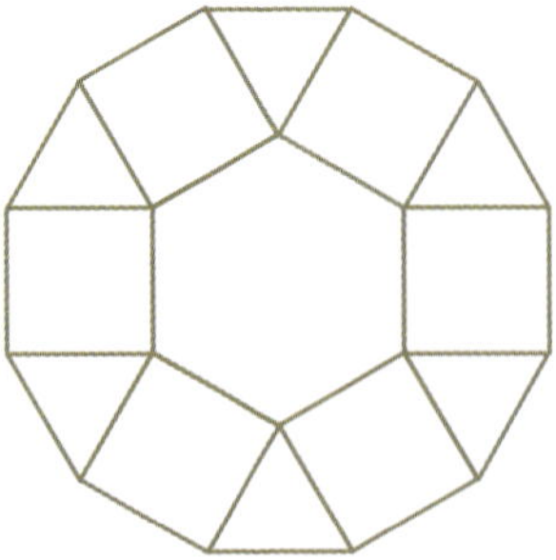

Nous pourrions confectionner un bloc comme indiqué mais il y aurait des recouvrements entre les nouvelles impressions et les anciennes.
En prenant une partie du motif Héloïse peut n'utiliser qu'un seul bloc pour engendrer tout l'imprimé.

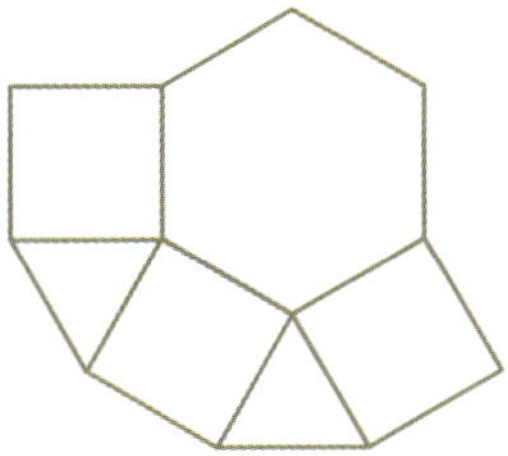

Cette partie constitue la « maille » qui engendre l'ensemble tout entier.

Pour que cette partie soit cette région fondamentale, la maille doit avoir les propriétés suivantes :

- Sa taille doit être aussi petite que possible.
- Elle ne doit pas se superposer à d'autres parties du motif.
- On doit obtenir le pavage en déplaçant par translation le motif sans le faire tourner ni prendre son symétrique par réflexion.

Un pavage ainsi créé à partir d'une maille est un pavage périodique.

SOLUTION

Le pavage utilisé pour l'imprimé est un pavage périodique qui peut être obtenu à partir d'une maille.
Les mathématiciens pensent aujourd'hui que les pavages périodiques de l'Islam furent obtenus ainsi et non par construction à la règle et au compas.

MOTIFS DE PAPIER PEINT

Nous avons examiné les mathématiques du pavage au sol. Pourquoi ne pas nous occuper des murs ? Il n'y a qu'un petit nombre de polygones qui pavent le plan, mais il y a certainement une infinité de possibilités pour le papier peint. Nous verrons que si nous ne tenons pas compte de la couleur et de la forme, il y a seulement 17 arrangements possibles.

Avec un pochoir

Avant d'étudier les mathématiques du papier peint, examinons les motifs que nous obtenons avec un pochoir. Le L est notre forme de départ. Le premier motif consiste en une répétition (translation) de la forme initiale horizontalement ou verticalement. Nous pouvons aussi faire tourner de 90°, 180° ou 270° le pochoir quand nous le déplaçons. Nous pouvons aussi prendre la symétrie axiale (ou réflexion). Le catalogue des options de base se limite généralement à la translation, la rotation et la symétrie axiale ; nous y ajouterons la symétrie glissée. Dans cette symétrie, nous déplaçons la forme de base puis nous la faisons réfléchir. La différence par rapport à la symétrie axiale est que la symétrie glissée élimine l'axe de symétrie du motif finalement obtenu. Il n'y a aucun endroit dans le motif où nous pouvons placer un miroir de façon à ce que l'image semble identique au motif initial. Nous pouvions le faire avec la symétrie axiale précédente.

Ces quatre mouvements de base, la translation, la rotation, la symétrie axiale et la symétrie glissée sont dénommés les isométries du plan. Ce sont les seules opérations que l'on peut faire subir à une

figure qui laissent ses mesures inchangées (les longueurs et les angles). Nous les dénommerons toutes des symétries dans la mesure où la taille de la forme originale est préservée.
Les translations et les rotations sont des symétries directes, la symétrie axiale et la symétrie glissée sont des symétries indirectes : notre motif en L n'a pas l'orientation initiale après ces deux orientations.

Motifs de papier peint

Ces quatre symétries (translation, rotation, symétrie axiale et symétrie glissée) nous suffisent pour créer tous les motifs de papiers peints. En ne considérant pas les rotations pour l'instant, nous créons des papiers peints par translation suivie d'une symétrie axiale ou une symétrie axiale suivie d'une symétrie glissée.
Quand nous introduisons des rotations, quatre types de rotation donnent des motifs adéquats. L'ordre de rotation est le nombre de rotations que l'on peut faire subir à un motif pour qu'il reste identique à lui-même. Le premier motif, ci-dessous à gauche, a un ordre de rotation égal à 3 ; le second, à droite, un ordre de rotation égal à 4.

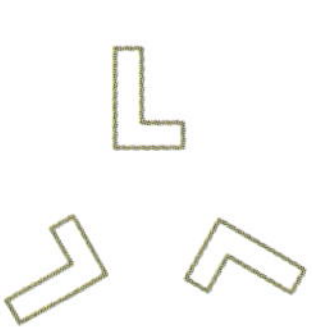

Nous créons des papiers peints d'ordre de rotation 2, 3, 4 et 6 (au sens strict tout motif a un ordre de rotation égal à 1, mais ne rien faire ne donne jamais rien d'intéressant !). Pourquoi nous arrêter à six ? Pour la même raison (trop compliquée à expliquer ici) qu'il n'existe pas de polygone régulier ayant plus de six côtés qui pave le plan, il n'est pas possible d'avoir des motifs d'ordre de rotation supérieur à six. En combinant ces symétries par rotation avec les translations, les symétries axiales et les symétries glissées, nous obtenons en tout 17 types de papiers peints.

M. C. Escher

Escher était un artiste néerlandais, connu pour ses gravures sur bois, lithographies et mezzo-tinto, et pour son intérêt pour la géométrie liée à la symétrie. Il n'avait pas fait des études de mathématiques, mais il acquit un goût et un talent particulier pour la géométrie et la topologie. Il approfondit ses idées en entretenant une correspondance avec les mathématiciens contemporains: Pólya, Coxeter et Penrose.

La vie d'Escher

Maurits Cornelis Escher, surnommé Mauk, est né en 1898 à Leeuwarden au Pays-Bas. Enfant de santé fragile, il n'était pas bon élève et surtout médiocre en mathématiques. Toutefois il développa un réel intérêt pour les figures à deux et trois dimensions. Sa famille voulait qu'il devienne architecte, mais il étudia plutôt les arts décoratifs, le dessin et la gravure sur bois.

À 24 ans, il voyagea en Italie et en Espagne et cela inspira fortement son travail ultérieur. Il se maria et vécut à Rome jusqu'en 1935, date à laquelle la politique de Mussolini l'obligea à vivre en Suisse, puis en Belgique. Pendant la guerre, il retourna aux Pays-Bas. En 1958 la célébrité d'Escher était déjà grande: il donnait des conférences, était très productif et exposait ses œuvres. Il mourut en 1972.

Escher et les mathématiques

En 1936, Escher et sa femme partirent pour une croisière en Espagne où il visita pour une seconde fois le palais de l'Alhambra à Grenade et la mosquée de Cordoue. Ces visites l'incitèrent à passer des paysages à un monde graphique d'« imagerie mentale » et de pavages. La visite à l'Alhambra fut « la plus riche des sources d'inspiration qu'il sut capter ». Utilisant les dessins faits par lui et sa femme à l'Alhambra, il recréa un monde géométrique mettant en scène ses propres personnages, des oiseaux, des lions et des poissons. Quand son frère Berend vit ses gravures, il incita Escher à étudier la symétrie et lui envoya les articles de Pólya sur les groupes de symétrie. Escher comprit le groupe des 17 pavages du plan, visuellement et intuitivement. Il avait vu des exemples des 17 motifs dans les décorations de l'Alhambra, créés par les artistes maures du XIIIe siècle. Escher travailla nombre de motifs de symétrie en utilisant sa propre notation des figures, couleurs et symétries. Sans le savoir,

• Un pavage fait d'oiseaux. Escher représenta des animaux communs sous forme stylisée.

il explora ce que les mathématiciens désignent par « cristallographie » (la discipline qui étudie la croissance et la structure des cristaux). En 1941 il publia un article *Division régulière du plan par des polygones congruents asymétriques* où il développait ses idées mathématiques. En dépit de son absence de formation mathématique, cet article et son travail tout au long de sa vie font qu'il est considéré comme un chercheur en mathématiques.

Il écrivit « Au début, je n'avais aucune idée d'une possible systématique de mes dessins. J'ignorais.... que cela était possible pour un non professionnel, mais je le fis en m'appuyant sur ma théorie naïve, ce qui m'obligea à penser aux différentes possibilités. »

Plus tard, il travailla avec le mathématicien Roger Penrose pour mettre au point ses idées en topologie qui amenèrent l'artiste à englober dans ses dessins des objets mathématiques et des objets impossibles (*Montée et descente*). Cette collaboration amena en retour Penrose à construire un triangle impossible, le triangle de Penrose qu'Escher utilisa dans nombre de ses travaux (voir le triangle de Penrose, p. 119).

Géométrie hyperbolique

À partir de 1956, Escher travailla à une manière de représenter l'infini dans un plan à deux dimensions. Il discuta le sujet avec le mathématicien Donald Coxeter qui introduisit l'idée de pavages hyperboliques (les pavages réguliers dans le plan hyperbolique).

Pour nous faire une idée de la géométrie hyperbolique par rapport à la géométrie euclidienne, pensons à deux droites du plan, perpendiculaires à une troisième.

En géométrie euclidienne, les droites restent à une distance constante, ce sont des *parallèles*.

En géométrie hyperbolique, les droites divergent et ces droites sont quelquefois dénommées ultraparallèles. En géométrie elliptique, les droites convergent et, finalement, se coupent.

Nous pouvons nous représenter la géométrie hyperbolique par des figures dessinées sur des surfaces courbes, comme la surface d'une sphère ou l'intérieur d'un bol.

L'œuvre d'Escher *Circle Limit I–IV* explicite ses pavages hyperboliques. Coxeter fit l'éloge des dessins d'Escher en ces termes : « Escher fait les choses tout à fait correctement, au millimètre près... Il a atteint la perfection mathématique. »

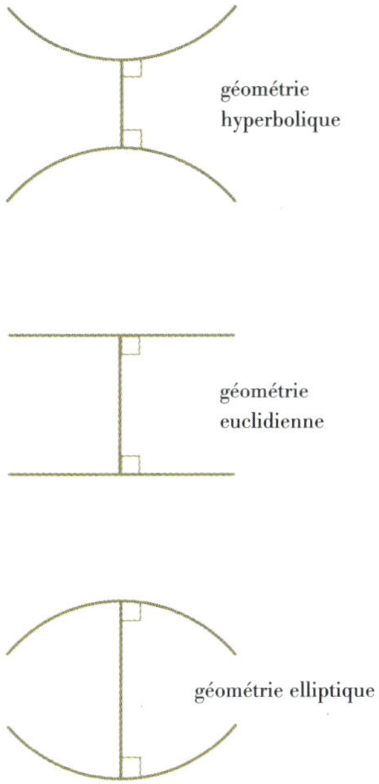

Exercice 20

Les pavages d'Escher

PROBLÈME

Jeanne fabrique des emporte-pièces pour découper des biscuits aux formes bizarres. Examinant des dessins d'Escher, Jeanne voudrait en fabriquer pour découper des biscuits «à la Escher», des poissons et des oiseaux par exemple. Comment pourrions-nous concevoir ces outils de découpe?

DÉMARCHE

Les figures de base des pavages à la Escher résultent de simples transformations de triangles équilatéraux ou de carrés. Nous montrons ici comment créer une figure de poisson.

À partir, d'un carré nous dessinons entre deux coins adjacents ce qui ressemble vaguement à la tête d'un poisson.

Nous découpons la partie de gauche et la translatons à droite sur le côté opposé du carré. Sur la partie basse nous dessinons une sorte de bout de nageoire et, de la même façon que précédemment, nous découpons cette partie et nous la translatons vers le côté supérieur du carré.

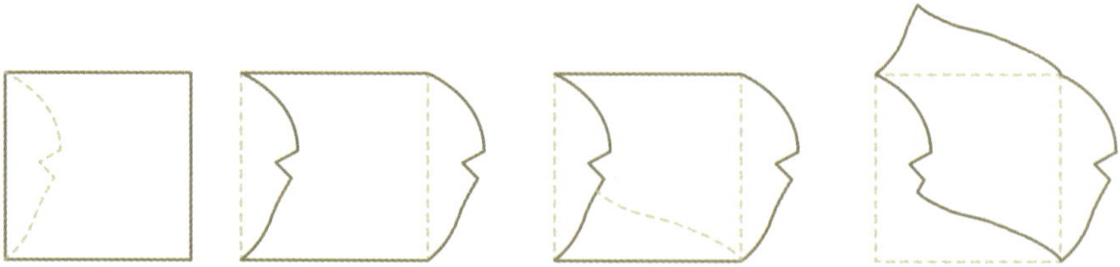

Cette opération donne un gabarit qui pave le plan et peut être décoré pour créer un banc de poissons.
La construction donne un motif périodique où tous les poissons regardent dans la même direction. Nous obtenons un autre dessin si les parties sont coupées et tournées dans une nouvelle position.

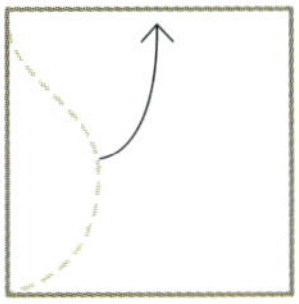

Toujours en partant d'un carré, nous découpons un morceau que nous tournons maintenant pour le placer sur un côté adjacent.

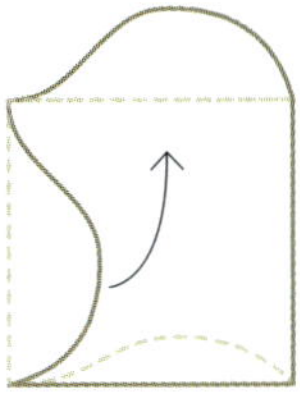

En répétant cela sur un autre côté nous obtenons la silhouette d'une raie.

Décorées et placées côte à côte pour paver le plan, nous avons un banc de raies qui nagent à contre-sens.

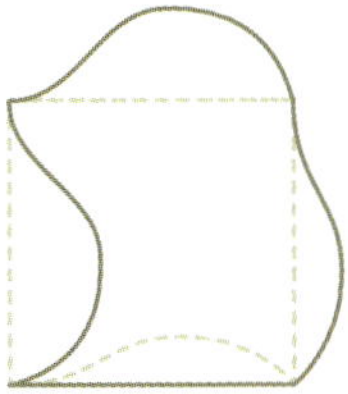

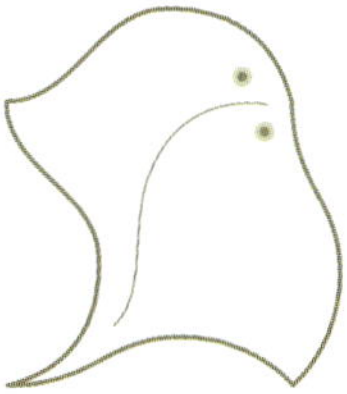

SOLUTION

Jeanne crée des gabarits pour les gâteaux paveurs en modifiant un carré. Il est facile, en utilisant les mêmes techniques, d'avoir de nouvelles variations avec un triangle équilatéral.

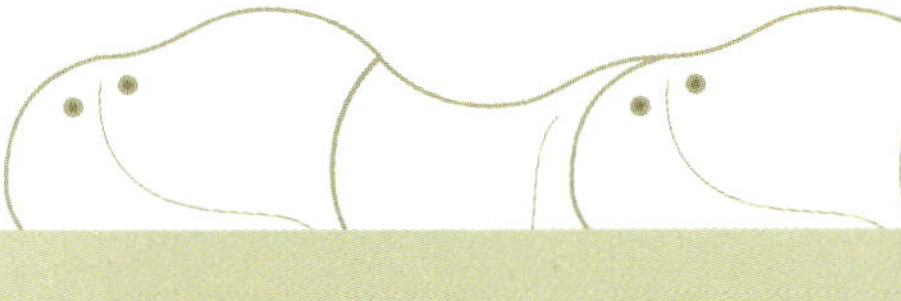

Roger Penrose

Roger Penrose est mathématicien, physicien et cosmologiste, aujourd'hui *Emeritus Rouse Ball* professeur de Mathématiques à l'université d'Oxford. Il a surtout travaillé en physique quantique et en théorie de la relativité, notamment sur les trous noirs, mais il s'est aussi intéressé aux jeux mathématiques et à la géométrie algébrique. Ses apports à la physique et aux mathématiques sont notoires.

La vie de Penrose

Roger Penrose est né en 1931 dans l'Essex. Son père était généticien et sa mère médecin. Il étudia les mathématiques à *University College* à Londres et obtint son doctorat à l'université de Cambridge en géométrie algébrique. Il s'intéressait à la physique et, en 1959, publia une série d'articles importants en cosmologie.
En 1966, Roger Penrose fut nommé professeur de mathématiques appliquées au *Birkbeck College* de Londres. Il travailla en physique quantique et en théorie de la relativité, les combinant avec sa théorie des twisteurs. Cette

• **Publications**

Les livres de vulgarisation de Roger Penrose traitent des processus non-algorithmiques de l'esprit humain et des effets quantiques dans le cerveau expliquant la nature de la conscience.

L'esprit, l'ordinateur et les lois de la physique *(1989) : Roger Penrose résume les contributions de la physique moderne, combat la notion d'intelligence artificielle et affirme que l'esprit humain ne peut être simulé par un ordinateur ou un quelconque algorithme.*

Les ombres de l'esprit *(1994) poursuit l'exploration des apports de la physique moderne à la connaissance du cerveau et élargit son argumentation contre l'intelligence artificielle.*

La nature de l'espace et du temps *(avec Stephen Hawking, 1996) : une série de conférences données par Penrose et Hawking en 1994 qui explorent les rôles des mathématiques et de la physique en cosmologie.*

La route vers le réel : un guide complet sur les lois de l'Univers *(2007) étudie les relations entre les mathématiques et le monde physique à travers la géométrie hyperbolique, les nombres complexes, le calcul algébrique etc..*
Selon certains c'est le plus ambitieux et le livre le plus profond de Penrose à ce jour.
Le romancier Brian Aldiss a collaboré avec Penrose dans sa nouvelle de science-fiction White Mars *où Penrose écrivit les parties traitant de la physique des particules.*

• Le triangle de Penrose. Selon Roger Penrose, c'est la forme la plus pure de l'impossible.

théorie, qui associe des méthodes algébriques et géométriques, est une contribution majeure à ce domaine de la physique. Penrose a aussi inventé un système de coordonnées en physique théorique, les diagrammes de Penrose (à deux dimensions), qui représentent les relations physiques entre deux points de l'espace-temps. Dans le système de coordonnées de ces diagrammes, l'axe vertical représente le temps et l'axe horizontal représente l'espace : Roger Penrose les a utilisés pour illustrer l'environnement spatio-temporel des trous noirs, domaine où il a collaboré avec Stephen Hawking.
Sir Roger Penrose a reçu de nombreux prix et distinctions honorifiques en reconnaissance de son travail ; en 1994, il a été anobli.

Jeux mathématiques

En 1954, Penrose, publia avec son père Lionel Penrose, un article sur les « figures impossibles ». Il envoya cet article à Escher qui incorpora deux figures impossibles de Penrose, le triangle et l'escalier de Penrose, dans les dessins qui suivirent.

DAINA TAIMINA

Daina Taimina, mathématicienne à l'université de Cornell, représente l'espace hyperbolique avec des œuvres au crochet !
Sa spécialité est la création de plans hyperboliques symétriques de grande taille et mathématiquement précis. Les plans hyperboliques divergent, au contraire des courbes de la sphère qui convergent. Daina Taimina explore comment ces plans s'organisent en augmentant exponentiellement le nombre de mailles du crochet. Les résultats ressemblent à des récifs coralliens, reliant ainsi le crochet au monde naturel.
La géométrie hyperbolique optimise l'aire des surfaces et minimise les volumes : les coraux, par exemple, ont besoin d'une grande surface pour se nourrir.

• L'hyperespace et le crochet : une rencontre improbable !

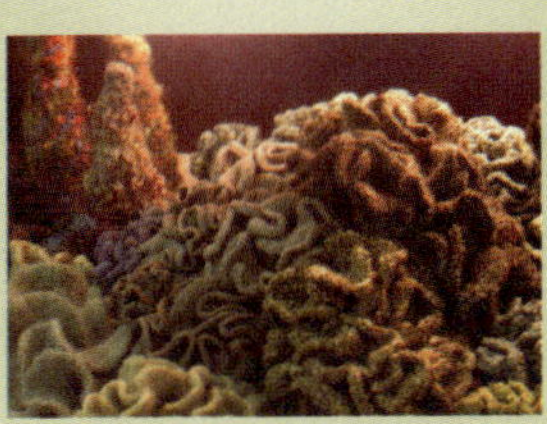

LES PAVAGES DE PENROSE

Nous avons vu (pages 104–105) que trois polygones réguliers seulement pavent le plan : le triangle équilatéral, le carré et l'hexagone régulier. Le pentagone régulier, qui ne pave pas, est un trou dans cette liste. Aussi les mathématiciens ont-ils pensé que la nature suivait cette injonction et que les cristaux n'auraient que des symétries d'ordre 2, 3, 4, ou 6. Mais la nature est plus inventive que les mathématiciens.

Cerfs-volants et fléchettes

Roger Penrose s'intéressa au problème par une autre voie. Les pavages qui donnent des papiers peints (voir pages 112–113) recouvrent le plan d'une manière régulière et périodique. Penrose commença par jouer avec des pièces d'un puzzle qui recouvraient le plan sans vide ni recouvrement, mais le pavage obtenu n'était pas périodique : c'était ce que l'on a dénommé un quasi-cristal.

En 1619, Johannes Kepler remarqua que les vides laissés par des essais de pavage avec des pentagones pouvaient être comblés par des étoiles à cinq branches (pentagones réguliers étoilés), des décagones et d'autres polygones ; inspiré par ce travail, Penrose s'est intéressé à cette configuration pendant de nombreuses années. Le premier pavage de Penrose utilisait des pentagones et trois autres formes : un pentagramme, un « bateau » (en gros 3/5 d'étoile) et un « diamant ». Finalement, en 1974, Penrose découvrit deux formes, aujourd'hui

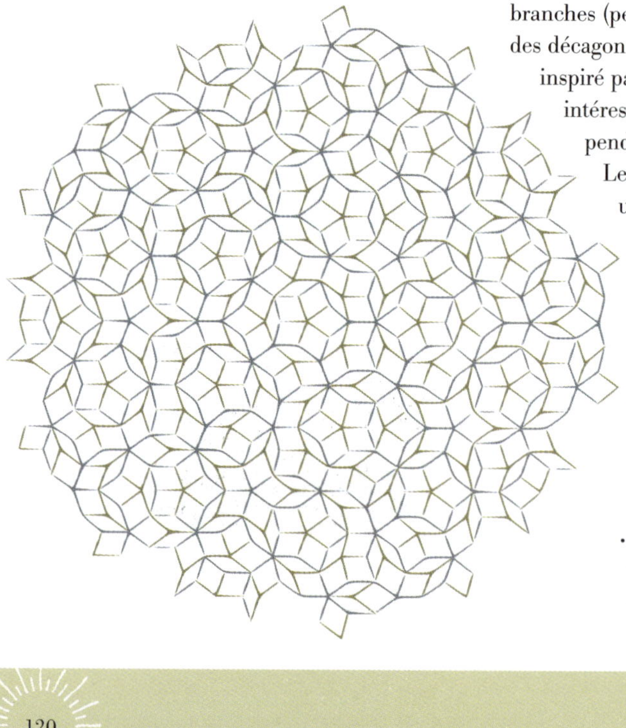

• Deux types d'objets différents constituent ce pavage non-périodique de Penrose.

nommées cerf-volant et fléchette, qui pavent le plan selon une symétrie d'ordre 5 non-périodique.

On crée les pavages résultant de la combinaison de ces objets en suivant des règles d'associations qui évitent la formation de motifs périodiques. Les spécialistes ont alors créé des motifs extrêmement compliqués, mais seuls deux d'entre eux ont une symétrie d'ordre 5. Si nous les tournons de 72°, ils apparaissent identiques, mais ils n'ont pas de symétrie par translation. Une copie déplacée de son centre de rotation ne peut pas être symétrique avec l'original. Comme l'a remarqué Martin Gardner, le grand vulgarisateur des mathématiques, quand vous vous éloignez du centre de rotation, le pavage semble vouloir se répéter, mais n'y parvient pas.

La nature imite l'art prétendait Oscar Wilde. De tels motifs existent dans la nature et les quasi-cristaux ont une symétrie d'ordre 5. À la différence de la plupart des cristaux, ils ne sont pas formés à partir d'un réseau. Ils n'en existent pas moins dans la nature et ont des propriétés intéressantes : les quasi-cristaux métalliques sont de mauvais conducteurs de la chaleur et sont utilisés pour constituer des surfaces non-adhérentes.

Comme souvent en mathématiques, on découvre *a posteriori* que ces pavages ont été inventés par d'autres mathématiciens arabes, il y a cinq siècles.

LES PAVAGES DE GIRIH

Peter Lu, étudiant de physique à Harvard étudia la complexité des motifs *girih* dans des bâtiments vieux de 800 ans en Ouzbékistan. Il a écrit dans la revue *Science*, que ces motifs mettaient en œuvre des idées mathématiques qui ne seraient formalisées que des centaines d'années plus tard.

Selon Peter Lu, les motifs de pavage étaient réalisés différemment de ce que l'on croit aujourd'hui. Si, comme on le pensait, les artistes avaient dessiné directement sur les murs on aurait vite remarqué les erreurs commises. Or, Lu a remarqué que les motifs étaient absolument parfaits, même sur de grandes surfaces. Inspiré par l'étude des pavages de Penrose, Lu trouva certains indices qui montraient que les artistes connaissaient ces pavages.

Exercice 21

Rept(u)iles

PROBLÈME

En manipulant des tuiles de faïence, Lucille remarqua qu'en disposant en carré quatre petits carrés elle obtenait un carré plus grand.

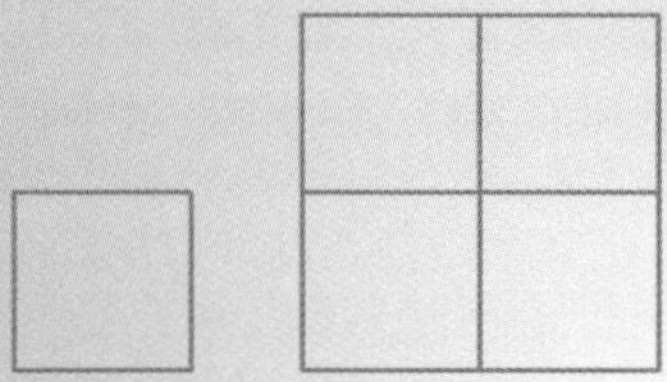

Elle savait pourtant que quatre hexagones réunis ne formaient pas un hexagone plus grand. Cela n'est-il vrai que pour les carrés ? Pour lesquelles de ces formes quatre copies d'une tuile créent-elles une forme semblable, mais élargie ? Vous pouvez tourner les tuiles si nécessaire.

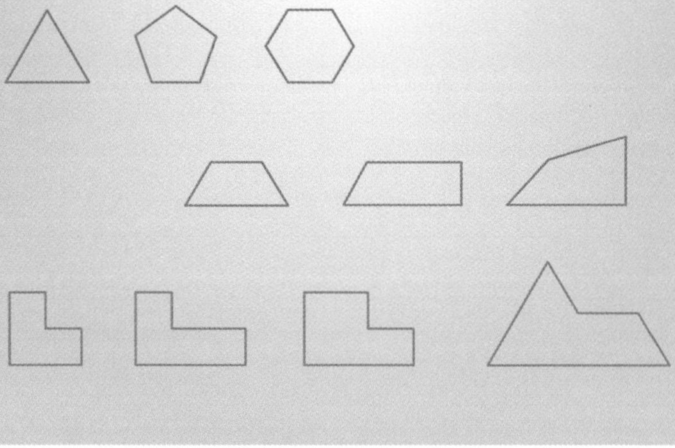

DÉMARCHE

Comme pour le carré, nous pouvons assembler quatre copies d'un triangle équilatéral pour former une version agrandie de la version initiale.

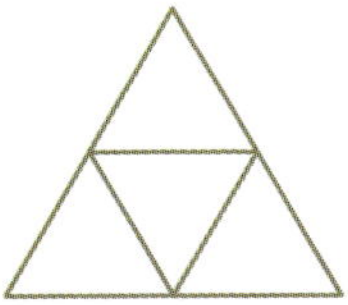

Comme les pentagones ne pavent pas le plan nous ne pouvons pas en disposer quatre de sorte qu'il n'y ait pas d'espace entre elles et une version plus grande est impossible. L'hexagone pave le plan et on peut en réunir quatre sans vide mais ils ne forment pas un hexagone plus grand.

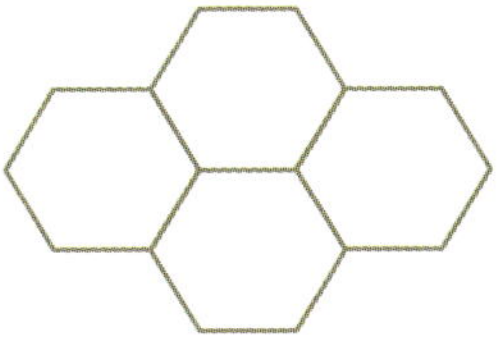

En disposant astucieusement des trapèzes isocèles nous obtenons un trapèze isocèle plus grand. Les autres trapèzes se dupliquent aussi.

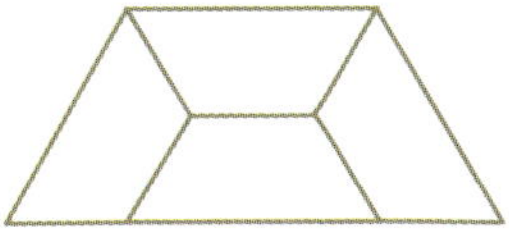

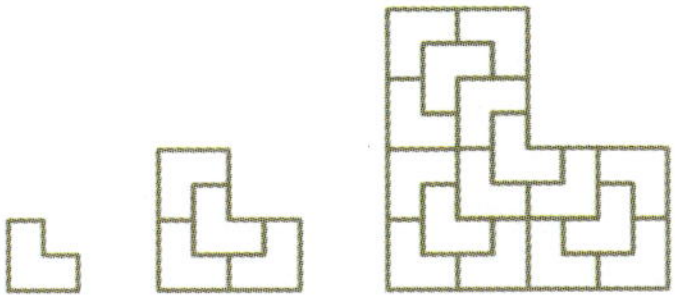

Les tuiles en forme de L sont aussi utilisables pour créer une plus grande forme semblable.
La dernière tuile est dénommée le *Sphinx* car elle ressemble au monument égyptien. Ce n'est pas évident mais vous pouvez aussi dupliquer le *Sphynx*.

SOLUTION

Les tuiles qui ont la propriété de pouvoir former par duplication une plus grande version de la forme initiale sont dénommées reptuiles, abréviation de tuiles obtenues par réplication. Solomon Golomb inventa la reptuile en forme de L qui se regroupent en un L plus grand. Ainsi le *Sphinx* n'est ni demi-femme ni demi-bête, mais un reptuile !

Martin Gardner

Martin Gardner a travaillé toute sa vie dans le domaine de ce que l'on dénomme les jeux mathématiques. Il tint la rubrique sur le sujet dans la revue *Scientific American* de 1956 à 1981 et écrivit 70 livres sur les mathématiques. Il affirmait qu'il «jouait tout le temps et qu'il avait la chance d'être payé pour cela».

La vie de Martin Gardner

Gardner est né en 1914 dans l'Oklahoma où il vécut enfant et adolescent. Il étudia la philosophie à l'université de Chicago et il obtint son diplome en 1936, au plus fort de la dépression économique; il survécut grâce à de petits travaux jusqu'à la Seconde guerre mondiale où il s'engagea dans la marine américaine. Après la guerre, il devint journaliste et écrivit pour des journaux divers, mais surtout dans *Humpty Dumpty*, un magazine pour enfant. Dans les années 1950, il déménagea avec sa femme et ses deux enfants, pour une rue plus «mathématique», Euclid Avenue, dans l'État de New York. En 1979 il alla vivre en semi-retraite en Caroline du Nord et, à la mort de sa femme, il déménagea dans l'Oklahoma pour se rapprocher de son fils. Son travail lui valut de nombreuses reconnaissances et prix. Il mourut en 2010.

Les travaux de Martin Gardner

En 1956, Gardner écrivit son premier livre *Mathematics, Magic and Mystery* et un intéressant article sur les «hexaflexagones» pour *Scientific American*. Ce premier succès amena les éditeurs de *Scientific American* à lui confier la rubrique des jeux mathématiques qu'il tint pendant 25 ans.
Toute une génération de futurs mathématiciens décidèrent de leur vocation en lisant la rubrique de Martin Gardner et beaucoup de lecteurs n'achetaient *Scientific American* que pour ses articles. La notoriété de Martin Gardner se répandit dans le monde entier à travers les traductions de ses livres. Voici trois titres disponibles en français: *La magie des paradoxes* (1985), *L'univers ambidextre* (réédition 2000), *«Haha», ou l'éclair de la compréhension mathématique* (1992).
Il écrivit aussi des articles dans la revue *Skeptical Inquirer* et des livres dénonçant les impostures du paranormal, de l'astrologie, et des «médiums» comme *Fads and Fallacies in the Name of Science* (1957), et *Did Adam and Eve have Navels?* (2001).

«Je n'ai pas eu de formation mathématique proprement dite, mais une passion d'amateur pour ses merveilles et une admiration pour les mathématiciens... J'aime les mathématiques pour leur beauté surnaturelle.» *Martin Gardner*

BLIVET

Un « blivet » est, pour Gardner, une illusion d'optique. À une extrémité, il semble avoir trois pointes, à l'autre seulement deux.
Escher l'utilisa cette forme dans ses impossibilités architecturales et Martin Gardner l'étudia dans son livre *Mathematical Circus.*

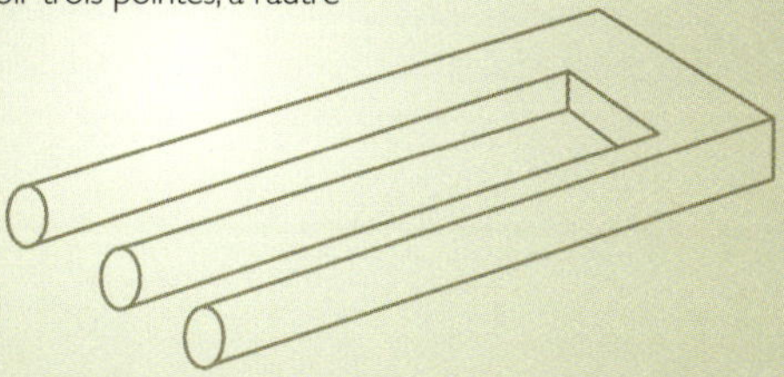

Une vie consacrée aux jeux mathématiques

Gardner a toujours été fasciné par les énigmes mathématiques. Enfant, il dévora le livre du grand créateur de jeux Sam Loyd *L'Encyclopédie des énigmes et des problèmes mathématiques* et s'intéressa particulièrement aux tours de magie. Il garda toute sa vie un goût pour la prestidigitation et inventa d'ailleurs plusieurs tours.
Lors de son travail à *Scientific American,* Gardner constitua tout un réseau de mathématiciens qui lui indiquaient les nouveautés intéressantes qu'il expliquait dans ses rubriques avec un talent inégalé. Il popularisa ainsi un grand nombre de sujets passionnants : il présenta au public les œuvres d'Escher (voir pages 114-115), les tuiles de Penrose (voir pages 120-121) et le Jeu de la vie de John Conway ; il introduisit le cube Soma de Piet Hein, les polyminos, les tangrams, les fractals, le jeu de « Hex » et les mathématiques des codes secrets.

Reptuiles

Les pavages sont un thème majeur des jeux mathématiques, et nous avons vu comment Penrose inventa ses pavages du plan.
Un autre mathématicien, Solomon Golomb, était aussi fasciné par les pavages : il inventa les polyominos, inspiration du jeu *Tetris,* et les reptuiles (les mathématiciens amateurs et professionnels en trouvèrent ensuite de nombreux autres exemples).

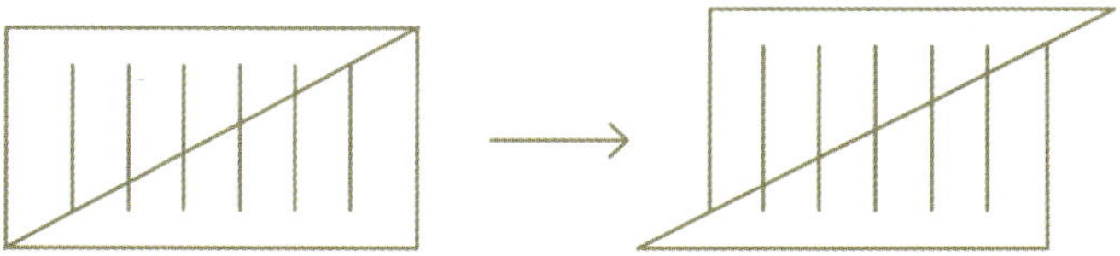

Chapitre

5

Un dimanche au parc

À l'origine, la géométrie euclidienne traitait surtout de problèmes mettant en œuvre la règle et le compas, et cette géométrie portait principalement sur les mesures : grandeur des angles et longueur des côtés. Durant nos promenades dominicales et nos contacts avec les invités d'une fête, observons une nouvelle géométrie, l'étude des réseaux et des graphes.

Exercice

22 Visite de musée

PROBLÈME

Vincent visite une exposition de peinture. Le plan de l'exposition est indiqué ci-contre. Peut-il passer par toutes les portes une fois seulement (il ne voit pas d'inconvénient à passer deux fois dans la même salle) ? Quel chemin Vincent emprunte-t-il ?

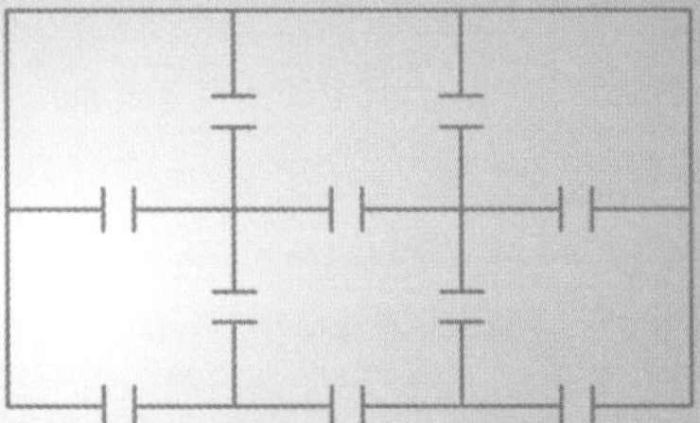

DÉMARCHE

Quand nous essayons de tracer le chemin de Vincent, nous voyons que ce n'est pas si facile que cela. D'où que nous partions, nous restons bloqué dans une des pièces.
En fait, il est impossible de tracer une route passant par toutes les portes une fois et une seule. Pour comprendre pourquoi, nommons les pièces de A à F. Notons G l'espace entourant l'exposition auquel nous pouvons accéder par des portes de A, B et C.

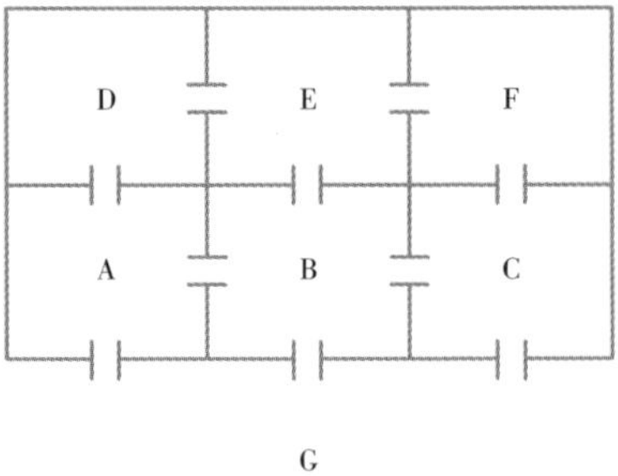

Nous sommes plus intéressés par les portes, les connections entre les pièces, que par les pièces elles-mêmes. Aussi nous traçons une carte (ou un « graphe ») de l'exposition, réduisant les pièces à des cercles (dénommées « nœuds »), et représentons les portes par des segments (dénommés « arêtes ») reliant deux pièces, c'est-à-dire joignant les nœuds.

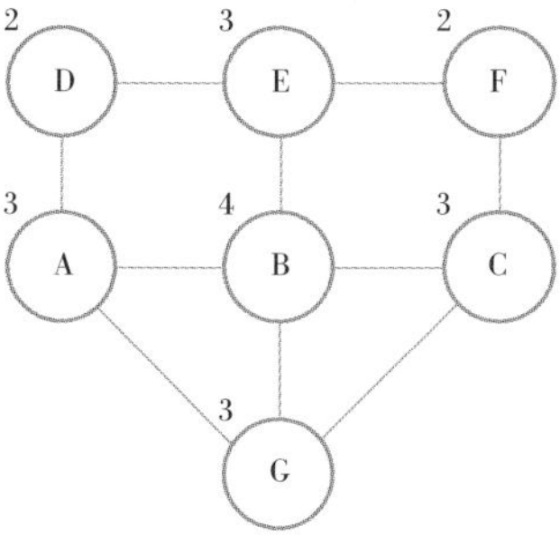

Dans ce graphe, la pièce A a trois portes indiquées par les trois arêtes joignant respectivement A à B, D et G. Le nombre d'arêtes partant d'un nœud est dénommé la « valence » de ce nœud. Le nœud A a la valence 3, le nœud B la valence 4 et ainsi de suite.
Revenons à l'exposition. Nous remarquons que lorsque Vincent entre par exemple dans la pièce D, il doit en sortir. Le nœud de cette pièce a la valence 2, qui est un nombre pair. Il peut entrer et sortir de D une fois. Vincent peut entrer et sortir de la pièce B deux fois car le nœud B a la valence 4. La pièce E est totalement différente car sa valence 3 est impaire. Cela signifie que Vincent peut entrer et sortir une fois, mais doit entrer une fois supplémentaire et ne pourra plus sortir par une porte qu'il n'a pas déjà passée. Donc le chemin de Vincent doit partir ou arriver par une pièce de valence impaire. Comme il y a quatre pièces de valence impaire A (3), C (3), E (3), G (3), il ne pourra visiter que deux pièces de valence impaire (la pièce de départ et la pièce d'arrivée) et restera bloqué dans une des deux autres.

SOLUTION

Si Vincent ne peut prendre une porte qu'une seule fois, il ne pourra visiter toute l'exposition. Il devra passer outre cet interdit pour bien profiter des œuvres d'art.

LES PONTS DE KÖNIGSBERG

Le problème du musée est un exemple de l'étude mathématique d'un graphe, étude faisant partie de la théorie des graphes. Le graphe d'une exposition (p. 129) est une symbolisation à laquelle on s'habitue vite. La théorie des graphes a été véritablement lancée quand Leonhard Euler (voir pp. 132–133) s'est intéressé à la promenade des bourgeois sur les ponts de la bonne ville de Königsberg.

La ville de Königsberg, en Prusse, était disposée de part et d'autre de la rivière Pregel où étaient situées deux îles. Sept ponts reliaient les îles et les rives.
Selon la légende, les bons bourgeois de Königsberg aimaient se promener le dimanche en traversant les ponts, mais aucun n'avait trouvé de trajet qui lui permette de traverser chaque pont une seule fois. Euler s'intéressa au défi et résolut complètement le problème en 1735, démontrant qu'il n'existait aucun trajet de cette sorte.
Il est étonnant qu'aucun mathématicien ne se soit intéressé à ce type de questions avant qu'Euler n'en maîtrise la logique. D'abord Euler réduisit la situation à l'essentiel, comprenant que les dimensions de la rivière, des ponts et des rives n'avaient aucune importance. Seuls importaient les endroits où un promeneur pouvait être et les liens entre ces positions. Le promeneur ne peut être que sur une des quatre positions suivantes : sur une des deux rives et sur une des deux îles. Les îles et les rives peuvent être symbolisées par des nœuds et les ponts qui les relient par des arêtes, comme indiqué sur le graphe ci-contre. La carte de la ville est débarrassée de tout ce qui ne concerne pas le problème. Avec cette représentation, Euler démontra que le chemin passant une fois et une seule par chaque pont était impossible. Il nota d'abord qu'il y avait deux sortes de promenades : celles qui commençaient et finissaient au même point, les trajets en boucle, et celles dont

• Les sept ponts de Königsberg reliant les îles de Kneiphof et Lomse entre elles et aux deux rives de la rivière Pregel.

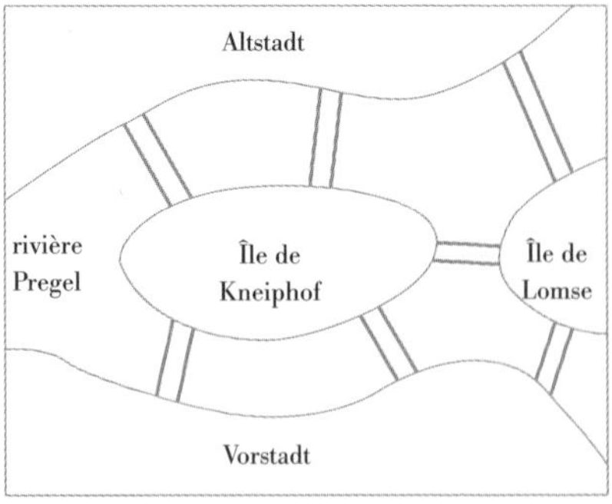

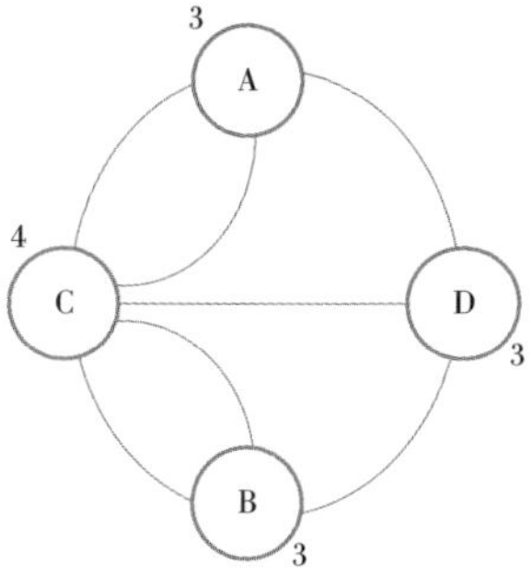

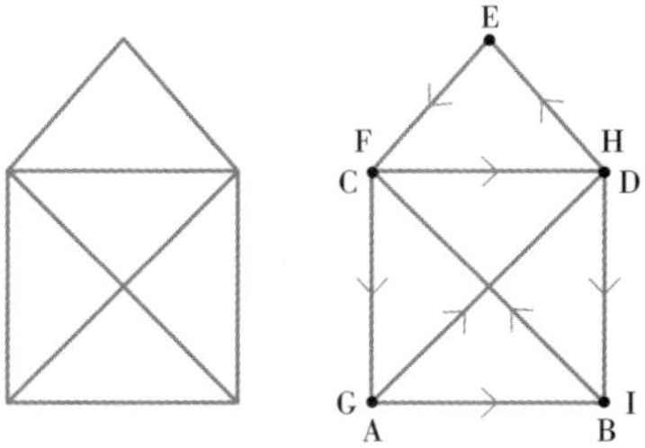

le point d'arrivée était différent du point de départ, les trajets ouverts. Pour un trajet fermé, à chaque arête arrivant sur un nœud doit correspondre une arête qui en sort. Le nombre d'arêtes associées à chaque nœud (la valence) doit être pair. Sur notre graphe, les trois nœuds A, B et D sont de valence 3 et le nœud C a pour valence 5 : un trajet fermé est impossible.

Si le trajet est ouvert, nous pouvons avoir deux nœuds de valence impaire : le nœud d'où nous partons et le nœud où nous arrivons. Le graphe de Königsberg a quatre nœuds de valence impaire et un trajet ouvert est là aussi impossible.

Euler a été plus loin que ce problème particulier et l'a généralisé à n'importe quel graphe. Le graphe doit être connexe : deux nœuds quelconques doivent être reliés par au moins un trajet. Tout graphe connexe ayant au plus deux nœuds de valence impaire doit pouvoir être parcouru par un trajet ouvert ou fermé.

Vous connaissez certainement le jeu du même type où vous devez tracer le contour d'un dessin sans lever le crayon ni repasser sur le même segment.

Graphes et trajets

Imaginons qu'un graphe ait deux nœuds de valence impaire. Le trajet qui part de l'un d'eux et arrive à l'autre est un trajet eulérien. Travaillons maintenant sur un graphe dont tous les nœuds sont de valence paire : nous devrons partir et finir notre trajet eulérien au même nœud.

Applications modernes

Comme beaucoup de sujets mathématiques, la théorie des graphes s'est d'abord développée à l'intérieur des mathématiques elles-mêmes, de l'art pour l'art en quelque sorte. Aujourd'hui, par un miracle quotidien des sciences où les mathématiques trouvent toujours des applications inattendues, les graphes sont au cœur d'un grand nombre de disciplines. Ainsi la théorie des graphes est-elle centrale à la biologie moderne, quand nous désirons reconstruire le matériel génétique de l'ARN (un cousin de l'ADN) à partir de fragments incomplets. La clef de cette reconstruction est le trajet eulérien.

Portrait

Leonhard Euler

Le mathématicien et physicien suisse Leonhard Euler inventa un grand nombre de notions et de termes mathématiques que nous utilisons aujourd'hui.

Euler amplifia les idées de Fermat en théorie des nombres, fit progresser notre connaissance des nombres premiers et des nombres parfaits. Il établit les bases de la théorie des graphes à partir du problème des sept ponts de Königsberg, théorie indispensable dans les réseaux électriques et informatiques actuels. Il résolut des problèmes réels par l'analyse mathématique et développa l'analyse mathématique pour qu'elle soit utilisable en physique. Il mit aussi au point les diagrammes d'Euler, semblables aux diagrammes de Venn, indispensables en logique. En géométrie, Euler établit l'existence de la droite d'Euler. Il mit au point une formule reliant le nombre des sommets, des faces et des arêtes des polyèdres. Il établit une formule dénombrant le nombre de façons dont un polygone est décomposable en triangles par des diagonales. Il établit aussi une nouvelle formule de calcul du nombre pi plus précise.

Euler fut le mathématicien le plus prolifique de tous les temps: il publia 886 livres.

La vie d'Euler

Leonhard Euler est né à Bâle en 1707. Il étudia d'abord pour devenir pasteur comme son père. Toutefois son mentor, le mathématicien suisse Bernoulli l'encouragea à devenir mathématicien. À 20 ans, Euler fut nommé membre de l'Académie des sciences de Saint-Pétersbourg. Durant son séjour à Saint-Pétersbourg, il travailla sur la propagation des sons, la musique et la voix humaine, les mécanismes de la vision, les télescopes et les microscopes.

Il séjourna en Russie jusqu'à ce que la situation politique devienne trop difficile et, en 1741, Frédéric le Grand lui offrit un poste à l'Académie des sciences de Berlin. Il y résida pendant 25 ans, enseignant aux enfants du roi de Prusse et écrivant une énorme quantité d'articles scientifiques notamment sur le calcul différentiel et intégral.

La vue d'Euler se détériora avec l'âge. Il était quasiment aveugle d'un œil et l'autre était atteint de cataracte. Cela ne l'empêcha pas de travailler sur des problèmes mathématiques longs et difficiles. Il avait une excellente mémoire photographique et restituait une page entière de l'*Énéide* après un coup d'œil.

« Maintenant, j'aurai moins de distraction. »

Euler, quand il perdit l'usage de son œil droit

LES NOMBRES DE CATALAN

Le mathématicien belge Eugène Catalan (1814–1894) donna son nom à ce que l'on dénomme aujourd'hui les nombres de Catalan. On sait que ces nombres relient la suite des nombres de divisions d'un polygone en triangles par Euler et les mouvements dénommés de nos jours les *Tours de Hanoï*.
De nombreux problèmes de décompte en analyse combinatoire donnent les nombres de Catalan:
1, 1, 2, 5, 14, 42, 132, 429…

Les parenthèses engendrent aussi ces nombres; chaque parenthèse entrante est associée à une parenthèse fermante et les parenthèses s'emboîtent.
()
(())   ()()
(()())   ((()))   ()()()   (())()   ()(())
Les nombres de poignées de main autour d'une table circulaire engendrent aussi les nombres de Catalan. De combien de façons les convives se serrent la main sans que les bras se croisent ?

En 1766, l'impératrice Catherine de Russie (1729-1796) invita à nouveau Euler, et il vécut en Russie le reste de sa vie. Sa femme et lui eurent 13 enfants, cinq d'entre eux survécurent à la petite enfance. Il mourut en 1783.

Le problème de la division d'Euler

En 1751, Euler posa à son collègue Christian Goldbach la question suivante: de combien de façons peut-on diviser en triangles un polygone convexe avec des diagonales. Pour un carré, la réponse est 2.

Pour un pentagone, la réponse est 5 et pour un hexagone, il y a 14 possibilités. La suite de nombres commence par: 1, 2, 5, 14, 42, 132…, et les nombres augmentent rapidement. Euler établit avec beaucoup de peine la formule générale donnant ces nombres.

• Ces figures montrent l'utilisation systématique des diagonales pour diviser les polygones en triangles. Pour un heptagone, il y a 42 façons et, pour un octogone, 132.

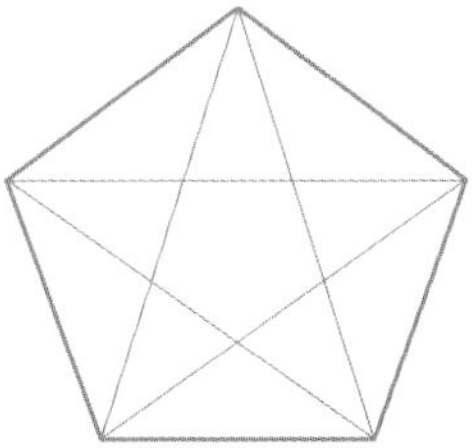

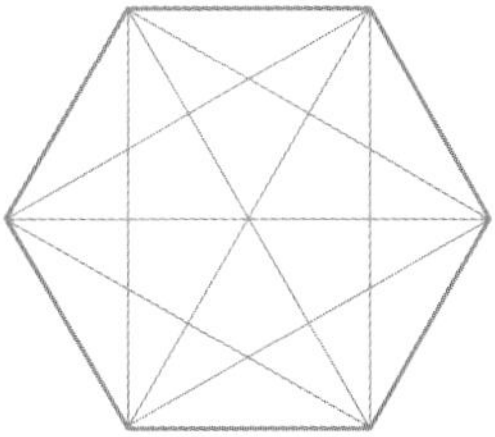

Exercice 23 Les amis communs

PROBLÈME

Agathe est une parfaite hôtesse. Quand elle invite, elle s'assure que trois invités au moins se connaissent, ou, si cela n'est pas le cas, que trois personnes au moins ne se connaissent pas, auquel cas elle les présentera. Quel est le plus petit nombre d'invités qu'Agathe doit convier à son dîner pour que l'une de ces conditions soit remplie ?

DÉMARCHE

En raisonnant sur les graphes, nous trouverons la solution de notre problème. Nous représenterons les invités par des nœuds et les liens (qui ne se coupent pas) par des arêtes. Commençons par un petit nombre de convives, par exemple 5. Il est possible de les disposer autour d'une table de façon que chacun connaisse ses voisins de droite et de gauche et nul autre.

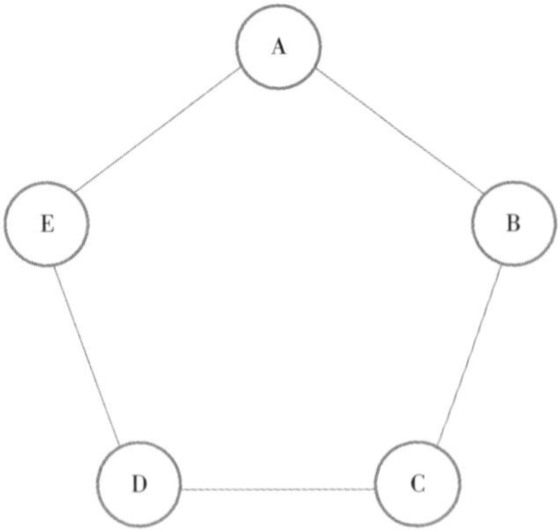

Nous voyons qu'il n'y a pas de triplet d'amis car il n'y a pas de triangles dans le graphe.
Y a-t-il un triplet d'étrangers ? Nous pouvons former un réseau complémentaire de gens qui ne se connaissent pas.

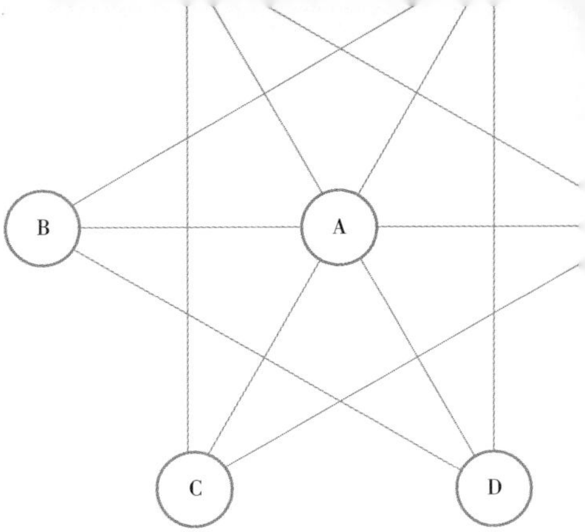

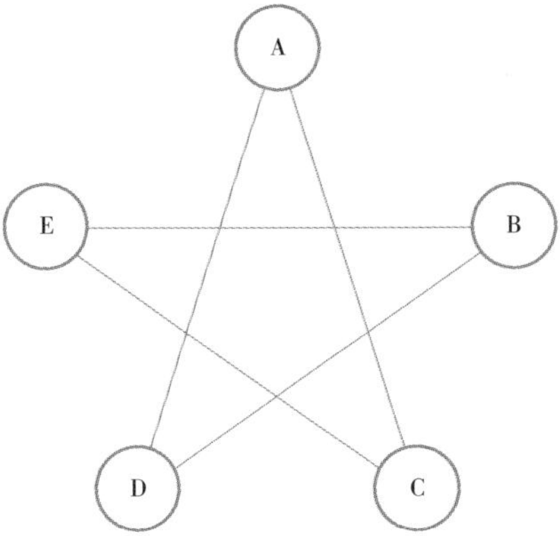

Là encore, comme il n'y a pas de triangle, il n'y a pas de groupe de trois étrangers entre eux.
Et avec six convives ? Plutôt que de dessiner le réseau complet, concentrons-nous sur un convive, Annie par exemple. Soit elle connaît au moins trois des cinq autres invités, soit elle ne connaît pas trois d'entre eux. Supposons qu'elle connaisse (A) au moins trois autres convives (si elle en connaît plus, cela ne joue aucun rôle, nous avons dit au moins trois).
Nous pouvons dessiner le réseau pour Annie et ses trois amis.

Si les connaissances d'Annie ne se connaissent par entre elles, alors nous avons notre triplet d'étrangers. Si deux d'entre eux se connaissent, alors nous avons un triplet de convives qui se connaissent.
Donc si Annie connaît au moins trois personnes parmi les cinq autres, nous sommes certains que trois se connaissent ou ne se connaissent pas.
Si Annie ne connaît pas trois personnes au moins et si deux de ces trois ne se connaissent pas, alors ces deux, plus Annie, sont étrangers l'un à l'autre. Pour que cela ne se produise pas, il faut que ces trois personnes se connaissent et nous avons trouvé alors notre triplet de connaissances.

SOLUTION

Si Agathe invite plus de six personnes à son dîner, elle est certaine qu'il existe un groupe de trois personnes qui se connaissent ou un groupe de trois qui ne se connaissent pas. À leur santé !

LE PROBLÈME DES 4 COULEURS

En 1852, Francis Guthrie, un étudiant de mathématiques, s'intéressa au nombre de couleurs nécessaires pour colorier une carte de géographie de sorte que deux régions contiguës n'aient pas la même couleur. Guthrie essaya un grand nombre de cartes, aucune ne nécessitait plus de 4 couleurs ! Toutefois ni lui ni son directeur de thèse, le logicien De Morgan, ne purent le prouver. Si le problème est facile à poser, il est très difficile à résoudre : il fallut pour cela plus d'un siècle !

La fabrication des badges
Supposons qu'un fabricant de badges, veuille imprimer les motifs ci-dessous et désire n'utiliser qu'un nombre minimal de couleur, à condition que des régions contiguës n'aient pas la même couleur. Des régions sont contiguës quand elles ont une frontière commune : si elles n'ont qu'un point en commun, elles ne sont pas contiguës.
Pour le premier badge deux couleurs suffisent que l'on dispose diagonalement. Le deuxième badge a moins de régions, mais il faut trois couleurs, alors que pour le troisième il en faut quatre. Faites toutes les tentatives que vous voulez, il ne vous faudra jamais cinq couleurs pour colorier une carte. Tel est l'essence du théorème : quatre couleurs suffisent pour n'importe quelle carte.

La complexité de la simplicité
La formulation du théorème des quatre couleurs est facile à comprendre, mais tout ce qui est facile à énoncer n'est pas facile à résoudre. Bien que personne n'ait réussi à trouver une carte qui nécessite 5 couleurs ou plus, cette « expérience » pragmatique n'est pas suffisante pour convaincre le mathématicien sceptique. Il se pourrait que quelque part derrière l'horizon il existe une carte pour laquelle il faudrait plus de quatre couleurs.

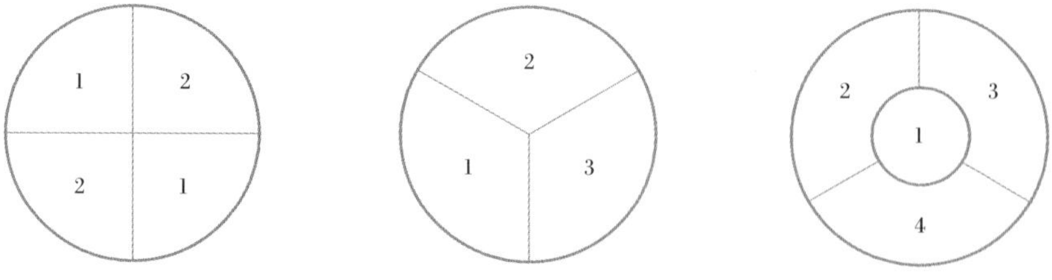

Une lente acceptation

La simplicité de l'énoncé du problème pourrait avoir détourné les mathématiciens de son étude. Ils pensaient qu'un problème aussi simple devait avoir une solution assez évidente et que quiconque s'enferrerait dans une solution compliquée serait la risée générale, surtout si une solution plus simple apparaissait par la suite. Le premier article sur le sujet fut publié anonymement en 1860. Et lorsque le mathématicien Cayley écrivit un article sur le sujet en 1879, ce fut pour la Société royale de géographie anglaise. Une preuve de Kempe fut aussi publiée en 1879, mais Heawood montra en 1890 qu'elle était erronée. Peu de progrès furent faits jusqu'en 1976 quand Appel and Haken produisirent une preuve par énumération informatique qui examinait 1000 cas! Une autre preuve en 1996 ne nécessitait que l'examen de 500 cas, mais toujours des ordinateurs. Les mathématiciens argumentèrent longtemps de l'acceptabilité de telles preuves sur ordinateur, mais elles sont licites aujourd'hui.

« Supposez qu'un artiste souhaite peindre un petit veau brun et un gros chien brun. Il doit les peindre de manière qu'au premier coup d'œil vous puissiez distinguer qui est qui… C'est comme pour les cartes. C'est pour cela que l'on peint chaque pays d'une couleur différente. »

Mark Twain

De quatre à sept couleurs

Le théorème des quatre couleurs est vrai pour les cartes planes et aussi pour les cartes sur la surface d'une sphère, d'un cylindre ou de surfaces similaires. Est-il toujours vrai sur les surfaces en forme de pneu, les tores ? Il est possible d'inventer des cartes pour lesquelles il faut sept couleurs si l'on veut, là encore, que deux régions contiguës n'aient pas la même couleur. La figure ci-dessous montre comment une carte avec sept couleurs est transformée en tore, chaque région étant contiguë à six autres.

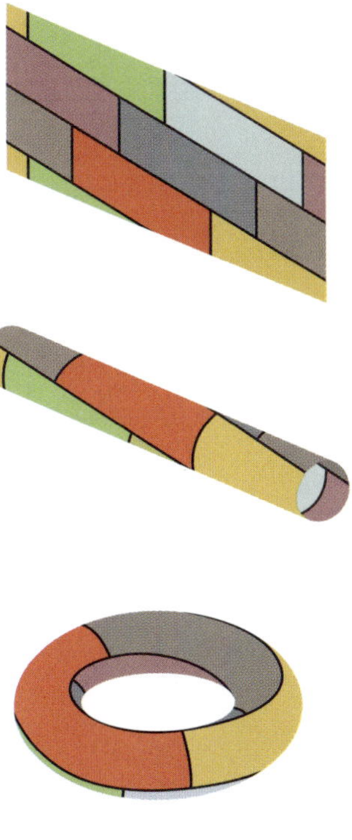

Exercice 24

Le problème des 5 couleurs

PROBLÈME

Il est bien difficile de prouver qu'aucune carte ne nécessite plus de quatre couleurs. Pouvons-nous montrer qu'il n'existe pas de carte de cinq régions nécessitant plus de quatre couleurs, deux régions contiguës étant de couleur différente?

DÉMARCHE

L'approche utilisée ici est de transformer le problème en un problème de graphe. Chaque carte peut être transformée en un graphe «dual». Dans ce graphe, chaque région est un nœud et deux nœuds représentant deux régions contiguës sont reliés par une arête. Voici une carte et son graphe dual.

Une caractéristique clef est que les graphes ainsi construits sont «plans»: nous pouvons les tracer sans que les arêtes se coupent.
Nous pouvons reformuler notre problème: peut-on construire un graphe plan à cinq nœuds de sorte que chaque nœud soit relié à tous les autres? Si oui, il faudrait cinq couleurs pour colorier la carte associée au graphe.

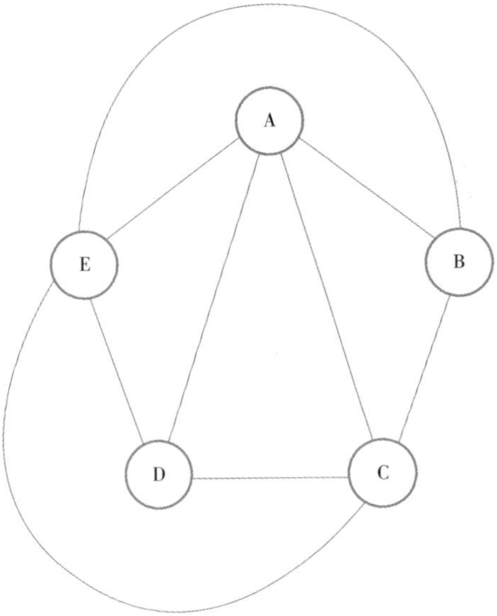

Par souci de clarté, plaçons les cinq nœuds aux sommets d'un pentagone où nous allons tracer des arêtes.

Nous joignons le nœud A par des arêtes situées à l'intérieur du pentagone à deux nœuds et le nœud B aux deux autres nœuds par des arêtes à l'extérieur du pentagone.

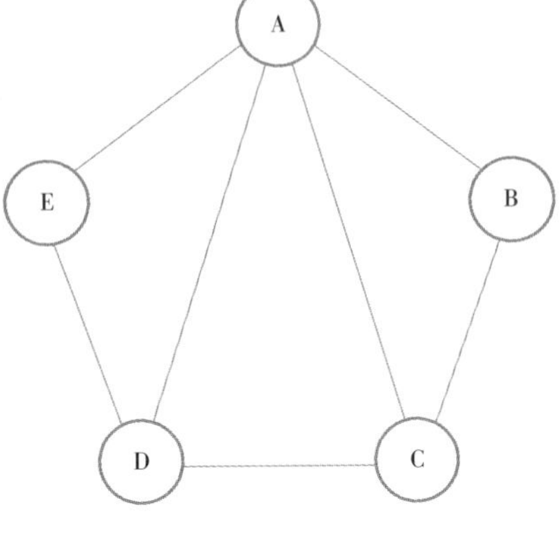

Nous ne pouvons relier les nœuds B et D à l'intérieur du pentagone sans croiser les arêtes déjà placées, ni joindre B et D par l'extérieur. Si nous croisons deux arêtes, le graphe n'est plus plan et n'est plus dual de la carte. Comme il est impossible de construire un graphe plan à cinq nœuds où chaque nœud est relié à tous les autres, il est impossible de construire une carte nécessitant cinq couleurs.

SOLUTION

Nous avons montré qu'il ne peut exister de carte à cinq régions telle que chaque région soit contiguë à toutes les autres. Hélas, cela ne démontre pas le théorème des quatre couleurs. Il se pourrait qu'il existe une carte avec beaucoup de régions où les interactions entre groupes de régions imposeraient plus de quatre couleurs.

Paul Erdös

Paul Erdös a été un mathématicien hongrois prolifique et excentrique. Il publia plus d'articles qu'aucun autre mathématicien dans l'histoire et travailla avec des centaines d'entre eux. Il était si apprécié que les mathématiciens considéraient comme un honneur de publier avec lui: c'est ainsi que fut créé le système des nombres d'Erdös. Pour avoir un nombre d'Erdös égal à 1, vous devez avoir cosigné un article avec lui. Le nombre d'Erdös de 2 s'obtient en publiant avec quelqu'un qui a un nombre d'Erdös égal à 1, et ainsi de suite. Il y a 4500 scientifiques qui ont un nombre d'Erdös égal à 2 et 200 000 mathématiciens ont un nombre d'Erdös non nul. Question: quel est le nombre d'Erdös?

Erdös a travaillé dans un grand nombre de domaines mathématiques, la théorie des nombres, la combinatoire, la théorie des graphes, et la théorie des ensembles. Il développa une nouvelle discipline, les mathématiques discrètes, la base de l'informatique théorique.

La vie d'Erdös

Paul Erdös, né en 1913 à Budapest de parents juifs, fut un enfant prodige: il découvrit les nombres négatifs à l'âge de trois ans. Ses deux sœurs aînées moururent de la scarlatine et Paul fut exagérément protégé par ses parents: il n'a pas su lacer ses souliers avant l'âge de 14 ans et n'a préparé aucune nourriture avant 21 ans. Ses parents enseignaient tous deux les mathématiques et lui servirent de précepteurs.
Son père, qui fut fait prisonnier durant la Première Guerre mondiale, apprit tout seul l'anglais, qu'il enseigna à son fils, lequel le parla avec l'étrange accent de son père.
Erdös obtint un doctorat de l'université de Budapest à 20 ans. Il avait découvert une démonstration élégante du théorème de Tschebyscheff selon lequel pour tout nombre supérieur à un, il y a toujours un nombre premier entre ce nombre et le double de ce nombre.
Erdös émigra en Angleterre, à l'université de Manchester, pour se protéger de l'antisémitisme en Hongrie. Il voyagea toute sa vie car il lui était interdit de vivre dans sa patrie. Il occupa divers postes universitaires aux États-Unis; à l'époque du maccarthysme on lui refusa l'entrée aux États-Unis et il ne put y retourner qu'en 1963.

Un mathématicien itinérant

Tous les biens personnels d'Erdös tenaient dans une valise: «Toute propriété est source d'embarras» prétendait-il. Il voyageait de colloque en conférence, d'université en université à travers le monde, logeant chez des mathématiciens amis et vivant de cafés et de comprimés de caféine: un mathématicien transforme le café en théorèmes, dit-on.
Impossible de décrire toutes ses particularités, il en a trop, disait le mathématicien Stanislas Ulam.
Sa mère l'accompagna dans ses déplacements

jusqu'à sa mort en 1971. Le mathématicien américain Ron Graham lui procura une chambre d'ami permanente et s'occupa de toutes ses affaires financières et privées. Erdös donnait son argent à des œuvres charitables et offrit des prix, petits et grands, pour la résolution de problèmes. Certaines de ses promesses sont encore ouvertes aujourd'hui. Erdös ne se maria jamais et n'eut pas d'enfant. Il disait que les liens du mariage étaient un esclavage et tout contact physique lui répugnait. Il mourut en 1996, à 83 ans, d'un infarctus alors qu'il étudiait une équation lors d'une conférence à Varsovie.

LES PROBLÈMES D'ERDÖS

Toute sa vie, Erdös inventa d'innombrables problèmes sur lesquels il travailla avec des centaines de mathématiciens. Certains d'entre eux pouvaient être résolus par de jeunes étudiants. Un grand nombre portaient sur la théorie des graphes, son sujet favori. L'un d'eux est la conjecture de Erdös–Faber–Lovász (1972), un problème portant sur le coloriage des graphes, un des avatars du théorème des quatre couleurs (voir pages 136-137). La conjecture porte sur la possibilité du placement des membres d'une assemblée de façon que chacun ait exactement la même chaise, indiquée par sa couleur, à chaque session.

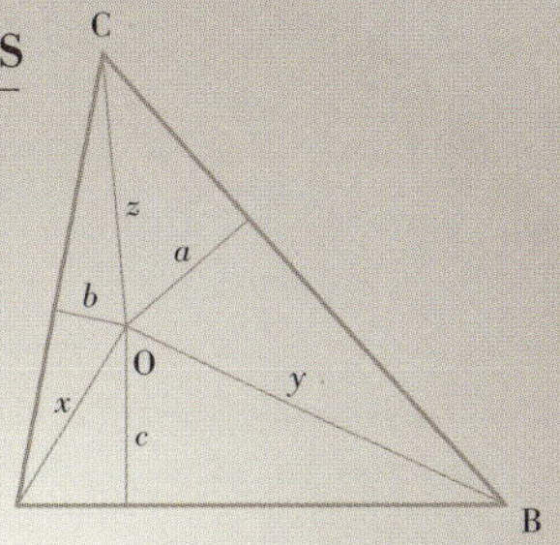

• Erdös lança ce défi : montrer que la somme des distances de O aux côtés du triangle est inférieure ou égale à la moitié de la somme des distances du point O aux trois sommets. Cela fut prouvé par Louis Mordell en 1937.

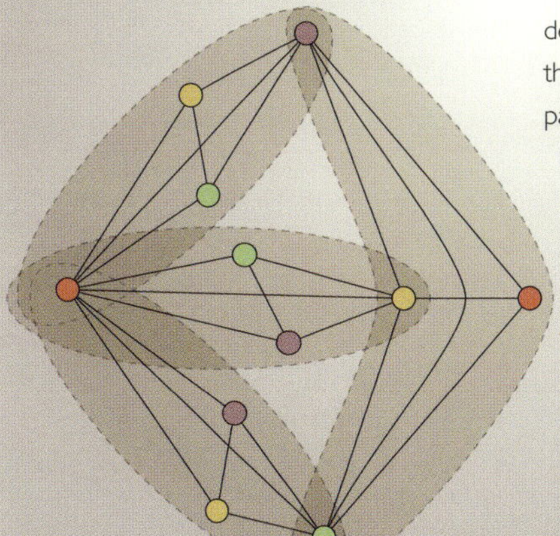

• La conjecture de Erdös–Faber–Lovász : quatre ensembles de quatre sommets peuvent être coloriés (sous différentes hypothèses) de façon à observer la disposition ci-contre.

LA GÉOMÉTRIE PROJECTIVE

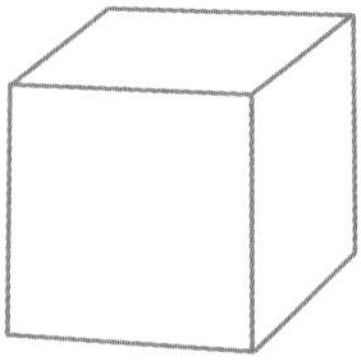

Quel est cet objet?

Allez au coin si vous répondez un cube! Rassurez-vous, vous ne serez pas seul. C'est, bien sûr, un hexagone. Les cubes sont des objets à trois dimensions et leur représentation est à deux dimensions. Nous «voyons» des objets à deux dimensions comme s'ils étaient des volumes. La représentation sur un plan des objets à trois dimensions ne devint une discipline mathématique qu'au milieu du XVIIe siècle.

Les astuces de la perspective

Les artistes italiens de la Renaissance désiraient représenter les merveilles du monde par leur peinture. Un des fondateurs de la géométrie projective, l'étude des projections des objets sur un plan, fut l'artiste et architecte Leon Battista Alberti. La première astuce d'Alberti fut de n'utiliser qu'un œil pour peindre. Comme nos yeux sont indépendants, chacun voit une image du monde légèrement différente; le cerveau associe ces deux images pour créer un effet tridimensionnel et évaluer les distances. Quand nous fermons un œil, cette vision stéréoscopique disparaît et notre perception du monde est aplatie. Les films modernes «en relief», c'est-à-dire à trois dimensions, inversent ce processus: les lunettes nous font voir par chaque œil des images légèrement différentes et notre cerveau, trompé par cette vision, croit voir des objets en trois dimensions.

La seconde astuce d'Alberti fut de placer une plaque de verre devant le sujet à peindre. Plaçant sur le verre des marques correspondant à certains points du sujet, Alberti dessinait ensuite la scène sur l'écran en respectant ces marques. Plus tard, il utilisa un quadrillage vertical fait de fils et un quadrillage horizontal identique pour marquer les points repérés sur le quadrillage vertical.

En 1636, le mathématicien français Girard Desargues publia un article établissant les méthodes géométriques pour construire des projections. Il analysa mathématiquement la perspective et détermina quels éléments d'une scène se retrouvent sur la projection. Sur une perspective, les points, droites et plans d'une scène sont représentés aussi par des points, des droites et des plans. Au contraire, les angles, les longueurs et les rapports de longueurs changent. La différence la plus notable est la manière dont les parallèles se rencontrent. Dans une projection plane, toutes les parallèles ne se coupent pas. Celles qui s'éloignent de l'observateur se coupent au «point de fuite». Les parallèles qui parcourent de droite à gauche notre champ de vision (voir la figure ci-contre) restent parallèles, mais leur espacement diminue quand elles s'approchent du point de fuite, une propriété qu'elles n'ont pas nécessairement dans le monde réel. Prenons un échiquier : comment pouvons-nous le représenter avec exactitude en géométrie projective ? Alberti savait comment faire, comme détaillé ci-contre.

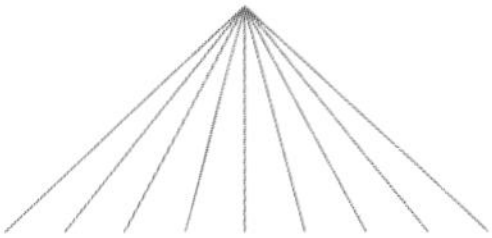

• Tracez d'abord les lignes «verticales» en les espaçant régulièrement au bas de la page et en les faisant se rencontrer au point de fuite.

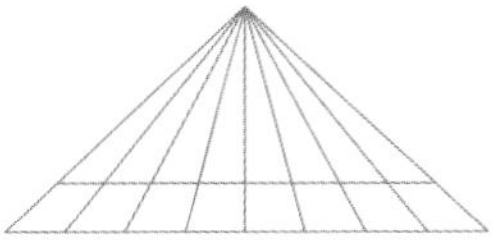

• Tracez une première paire de «parallèles».

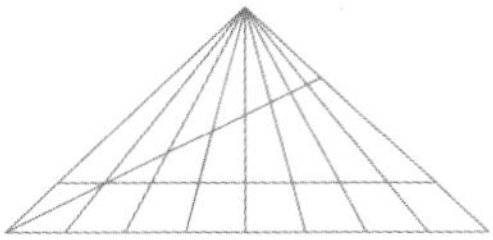

• Tracez une diagonale qui prolonge celle du trapèze (dans le monde réel, un carré) en bas à gauche.

• Tracez les «horizontales» passant par les points d'intersection de cette diagonale avec les «verticales».

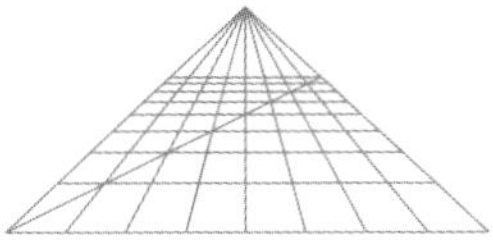

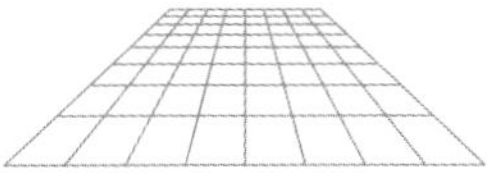

LE THÉORÈME DE PAPPUS

Prenons deux rangées de trois oliviers. Les trois oliviers de chaque rangée sont alignés, mais les rangées ne sont pas parallèles. Pouvons-nous planter trois nouveaux oliviers pour obtenir dix rangées de trois arbres ?
Nous résolvons le problème en utilisant le théorème de Pappus. Ce théorème stipule que si nous relions par des droites chacun des trois points (A, B, C quelconques) d'une première droite à deux points (D, E, F, quelconques) d'une seconde droite, alors les points d'intersection (x, y ,z) de ces droites sont alignés.

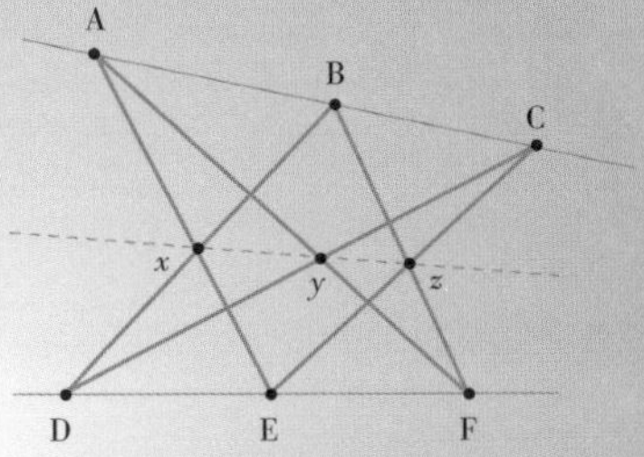

Le fermier résout son problème d'alignement en transplantant l'olivier B le long de sa rangée de façon que la droite ByE constitue la 10e rangée. Démontré en 340, le théorème de Pappus, qui ne fait intervenir aucune mesure de longueur ou d'angle, est typique de la géométrie projective.

MERCATOR

Imaginons une balle de tennis dans sa boîte cylindrique posée sur une table et coupons le tout par des plans horizontaux. Nous projetons les cercles d'intersection des plans avec la balle sur la surface cylindrique de la boîte. Coupons maintenant le cylindre verticalement : nous obtenons alors une projection plane de la balle. Nous pouvons ainsi fabriquer une carte du globe terrestre.

Une Terre plate

Nous pouvons créer une carte de la Terre par projection en imaginant que la Terre est dans un immense cylindre. Nous projetons horizontalement chaque point du globe sur un point correspondant du cylindre.

Nous coupons maintenant le cylindre, par convention le long de la ligne de longitude 180° Est. Nous avons ainsi une vue « cylindrique » du monde.

Cette vue ne ressemble à aucune carte du globe terrestre que nous connaissons. L'Antarctique, ainsi étiré horizontalement le long du bas de la carte, semble bien étrange. Le plus curieux est que les lignes de latitude et de longitude sont parallèles. Cette projection n'est pas familière, mais aurions-nous pu l'adopter ? Les cartes n'ont d'intérêt que par leur utilité, aussi celle-là aurait-elle été utile au navigateur ?

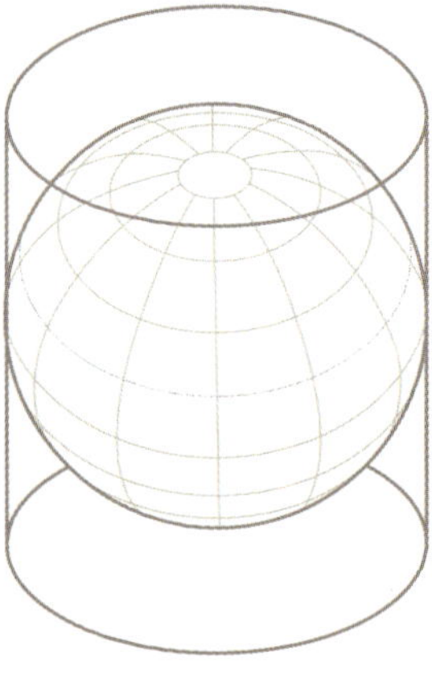

• Le mathématicien alsacien Johann Heinrich Lambert mit au point sa projection en 1772.

• 160° Ouest est le méridien central sur la projection cylindrique de Lambert. Cette carte était faite pour les navigateurs qui s'intéressaient surtout aux océans.

Nous avons vu auparavant (voir pp. 92-93) que la plus courte distance entre deux points du globe terrestre est un arc de grand cercle passant par ces deux points. Le segment reliant par exemple New York et Rome sur cette projection cylindrique ne suit en général pas un grand cercle, ni même une ligne de rhumb (la courbe décrite par un navire lorsqu'il coupe tous les méridiens sous le même angle) que suivent les marins. Ceci est dû à ce que la projection modifie les angles. Nous voudrions une carte qui conserve les angles, une projection dite « conforme » en mathématiques. Relier les points sur une telle projection ne donne toujours pas un arc de grand cercle mais une ligne de rhumb.

La projection de Mercator

La projection de Mercator est conforme, les droites de la carte sont des lignes de rhumb. Bien que dénommée projection de Mercator, cette carte n'est pas véritablement une projection au sens mathématique du terme. On ne peut la réaliser car il faudrait mettre le globe dans un cylindre et tracer des droites pour projeter les points sur le cylindre. Nous sommes si habitués à la projection de Mercator que nous oublions qu'il s'agit d'une vision déformée de la Terre. À mesure que nous nous éloignons de l'équateur, les aires augmentent exagérément. La surface du Groenland est beaucoup trop grande, elle semble à peu près égale à celle de l'Afrique ! Incidemment, Mercator introduisit le mot « atlas ».

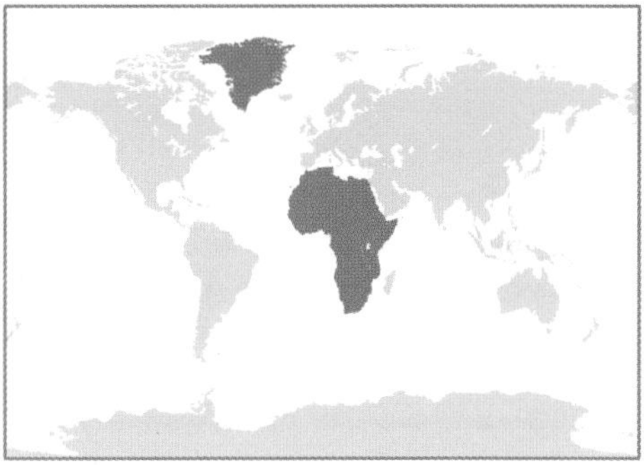

• La projection de Mercator nous donne une version déformée du globe où le Groenland apparaît presque aussi grand que l'Afrique.

La projection gnomonique

Existe-t-il des projections du globe où les segments sont des arcs de grands cercles ? Oui, ce sont les cartes gnomoniques, mais ce sont plus des curiosités que des instruments utiles.

• La plus courte distance entre deux points sur le globe terrestre correspondant au segment tracé sur une carte gnomonique.

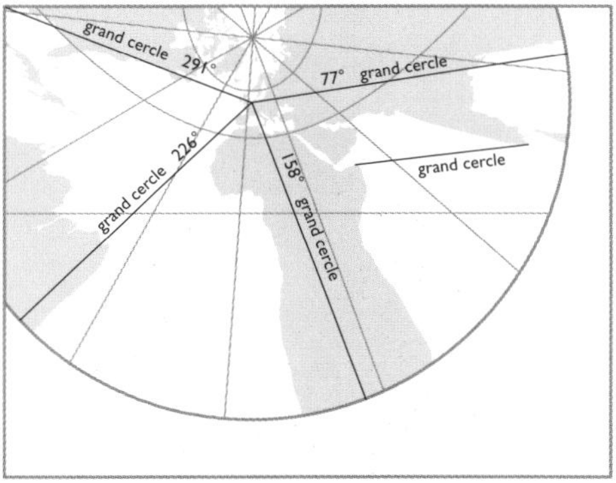

Bernhard Riemann

Le mathématicien allemand Bernhard Riemann laissa une marque profonde sur deux domaines de la pensée mathématique : la géométrie non euclidienne et la théorie des nombres premiers. Ses idées en géométrie différentielle furent prolongées par l'école italienne de mathématiques, Beltrami, Ricci et Levi-Civita. Einstein utilisa ces travaux dans le cadre de sa théorie de la relativité générale.

La vie de Riemann

Bernhard Riemann est né en 1826 dans l'ancien royaume de Hanovre. Son père, un pasteur luthérien, s'occupa de son éducation jusqu'à ce que Bernhard ait 10 ans et il avait de si précoces dons pour les mathématiques qu'il dut prendre un précepteur dans cette discipline. Riemann étudia pour devenir pasteur, mais finalement son intérêt pour les mathématiques eut le dessus. Le directeur du lycée lui prêta un livre écrit par le mathématicien Legendre sur la théorie des nombres. Six jours après, Riemann lui rendit le livre de 859 pages en le remerciant de ce livre merveilleux qu'il connaissait maintenant par cœur. Riemann était d'une grande timidité et il ne savait pas bien se faire des amis.

Le père de Riemann autorisa son fils à étudier les mathématiques (et non la théologie) à l'université de Göttingen, où il suivit les cours de Gauss. Un an après, il alla à Berlin étudier avec Eisenstein, Dirichlet et d'autres mathématiciens de renom qui orientèrent ses premiers travaux. Pour soutenir sa thèse dirigée par Gauss, il revint deux ans plus tard à Göttingen. Pour avoir le droit de donner des cours et d'être payé pour cela, Riemann devait prononcer un discours de réception dont le sujet, choisi par Gauss, portait sur les fondements de la géométrie.

Riemann, hypocondriaque, réservé, dépressif, caché derrière sa barbe noire, étudiait la physique autant que les mathématiques et le stress dû au travail le mit au bord de la dépression. Mais, inspiré par ses études de physique, son discours de 1854 fut brillant et modifia profondément notre vision de la géométrie. L'idée maîtresse de Riemann est la courbure de l'espace généralisée aux géométries non euclidiennes : elle conduisit aux idées révolutionnaires d'Einstein un demi-siècle plus tard.

Riemann fut nommé professeur de mathématiques en 1859. Il travaillait sur les nombres premiers et publia un article sur ce qui est nommé aujourd'hui l'hypothèse de Riemann, d'une extraordinaire importance. Il se maria en 1862, mais mourut de la tuberculose l'année suivante à 39 ans. Après sa mort, un employé de maison trop zélé détruisit une grande partie de ses œuvres avant que sa famille n'intervienne : nous ignorons quels trésors ont été perdus.

Portrait

Georg Pick

Pick était un mathématicien autrichien connu aujourd'hui pour son théorème qui permet de calculer l'aire d'un polygone construit sur un réseau.

La vie de Pick

Georg Pick est né en 1859 à Vienne dans une famille de confession juive. Il fut instruit par son père jusqu'à l'âge de 11 ans, puis alla à l'école. Il étudia les mathématiques et la physique à l'université de Vienne et publia son premier article de mathématiques à l'âge de 17 ans. Docteur en mathématiques à 21 ans, il fut, un an après son diplôme, nommé professeur assistant à Prague. Excepté pendant un an passé à l'université de Leipzig où il étudia sous la direction de Klein, Pick résida toujours à Prague. Il y fut nommé professeur titulaire à l'université de Prague en 1892.

« Pick était un célibataire étonnamment bien habillé et poli. » ***Anonyme***

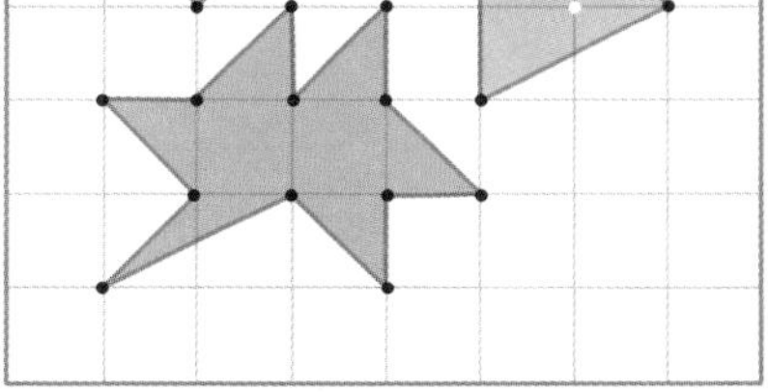

En 1910, Il était membre du comité en charge des nominations et soutint avec force et succès la candidature d'Einstein en 1911. Einstein et Pick devinrent d'excellents amis qui avaient la même passion pour la musique. Pick, bon violoniste, jouait dans un quartet composé de quatre professeurs de l'université.
Quand il prit sa retraite en 1927, il revint à Vienne. Hélas, quand les armées allemandes envahirent l'Autriche, il retourna à Prague où il fut quand même arrêté et, à 82 ans, envoyé au camp de concentration de Theresienstadt où il mourut deux semaines plus tard.

Les travaux de Pick

Les sujets d'intérêt de Pick étaient nombreux et il publia au cours de sa vie 67 articles portant sur l'algèbre linéaire, la théorie des invariants, le calcul intégral, la théorie du potentiel, l'analyse et la géométrie. Plus de la moitié de ses articles portaient sur les fonctions d'une variable complexe, les équations différentielles et la géométrie différentielle.
Le théorème de Pick relie la géométrie euclidienne classique et la géométrie discrète moderne. Pick publia son théorème en 1899, mais il est resté ignoré jusqu'à ce que le géomètre Hugo Steinhaus le mentionne dans son livre *Mathematical Snapshots* en 1969.

• Le théorème de Pick indique comment trouver l'aire d'un polygone dont les sommets sont aux points d'intersection d'un quadrillage: (1) comptez les points sur le périmètre du polygone, (2) divisez le résultat par 2, (3) soustrayez 1, (4) ajoutez les points intérieurs. Le nombre obtenu est l'aire du polygone (mesurée en terme de carrés unités).

Exercice 25

Le théorème de Pick

PROBLÈME

Bastien a hérité d'un terrain. Il a une carte du terrain et du papier transparent quadrillé. Comment Bastien peut-il mesurer rapidement son terrain ?

DÉMARCHE

Une manière évidente est de placer la feuille de papier transparente sur la carte, dessiner les contours du terrain et compter les carrés.
Les parties de carrés d'aires inférieures à la moitié d'un carré complet ne sont pas comptées, celles dont l'aire est supérieure à la moitié de l'aire d'un carré sont comptées pour un carré. Avec cette méthode, Bastien estime l'aire de son terrain à 23 carrés. On peut donner alors l'aire du terrain en mesurant la longueur du côté du carré unité avec l'échelle de la carte du terrain.

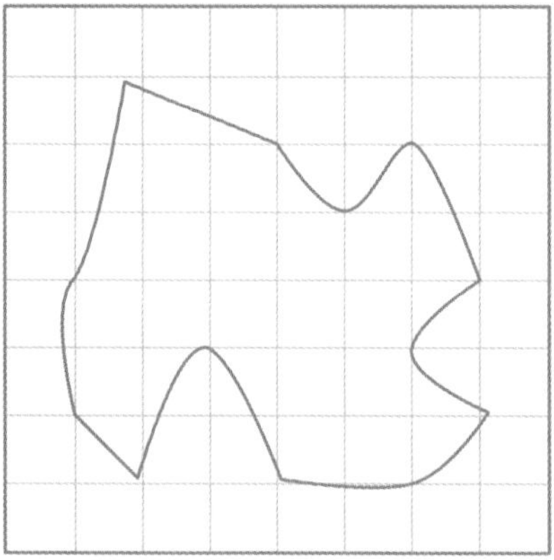

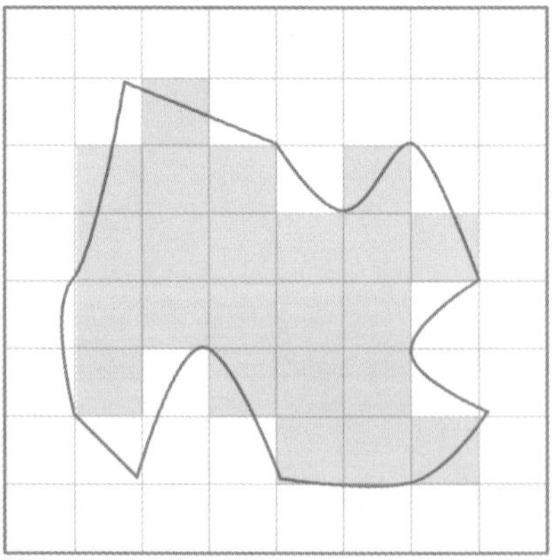

Bastien peut employer une méthode plus rapide. Il examine attentivement les points d'intersection du quadrillage plutôt que les carrés, puis il trace une approximation de l'aire du terrain en joignant à la règle les intersections du quadrillage proches des sommets du terrain. Il obtient ainsi un terrain polygonal.
Au lieu de compter les carrés, Bastien compte les intersections du quadrillage. D'abord ceux (de somme B) situés sur le périmètre du polygone qu'il a tracé (les points noirs), puis ceux (de somme I) à l'intérieur du polygone (en jaune sur le dernier croquis).
L'aire A du polygone est donnée par la formule :

$$A = \frac{1}{2} B + I - 1.$$

Pour le terrain de Daniela B = 13, I = 18, et l'aire est égale à :
13/2 + 18 − 1 = 23,5 carrés unités.

SOLUTION

Une manière simple de mesurer des aires est de créer un polygone dont les sommets sont sur les points d'intersections d'un quadrillage. L'aire du polygone est alors donnée par la formule :

$$A = \frac{1}{2} B + I - 1$$

où B est le nombre de points sur le périmètre du polygone et I le nombre de points intérieurs.
Le résultat est le théorème de Pick, du nom du mathématicien Georg Pick qui le démontra en 1899. Il est valable pour tous les polygones tant qu'il n'y a pas de trous. Comme le résultat consiste à dénombrer des points espacés et non à mesurer des longueurs continues, le théorème de Pick est un pont entre la géométrie euclidienne et la géométrie des points sur un réseau.

• = 13 points sur le périmètre (B = 13)
• = 18 points à l'intérieur (I = 18)

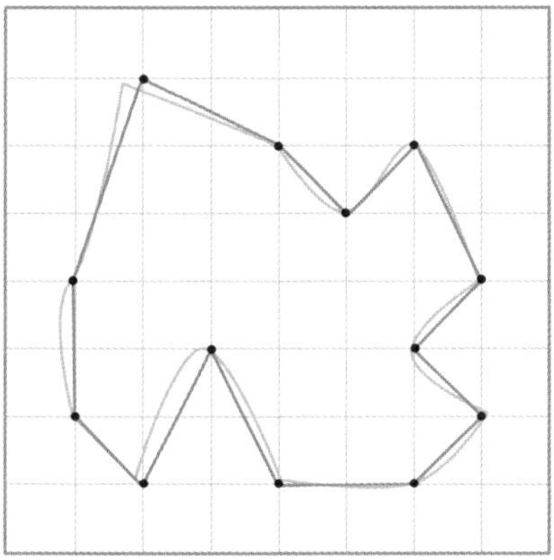

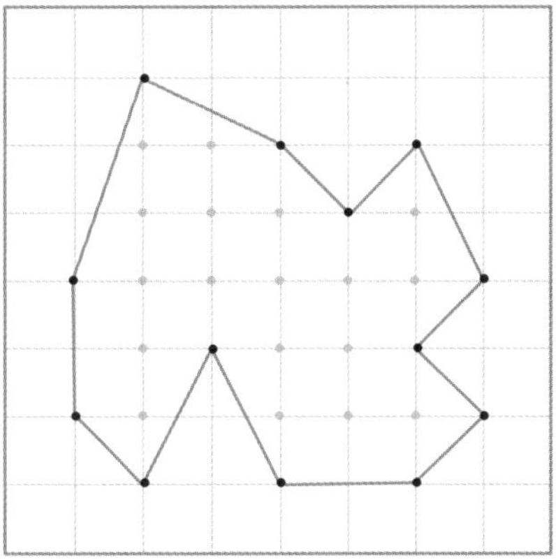

Chapitre

6

Bouteilles, chambres à air et côtes de Bretagne

Dans le monde mathématique des carrés, des cubes, des ellipses, etc., nous n'étudions que des objets ayant des bords bien réguliers. Dans le monde réel toutefois, les objets sont plus bosselés, plus plissés, et plus piquetés que les objets idéaux de la géométrie classique. Si bien que les mathématiciens commencèrent à douter de la pertinence de la vieille géométrie et que de nouvelles géométries sont apparues qui acceptaient la rugosité du monde.

UN CÔTÉ SEULEMENT

Les blagues mathématiques comme celles-ci sont rares et n'en sont que plus appréciées. Combien existe-t-il de sortes de mathématiciens? Trois : ceux qui savent compter et ceux qui ne savent pas. La question suivante n'est pas une plaisanterie. Combien un morceau de papier a-t-il de faces? On pensait que la réponse était évidemment deux. Jusqu'aux travaux d'Augustus Möbius et son célèbre ruban.

Les propriétés du ruban de Möbius sont mieux comprises quand vous travaillez avec une bande de papier. Aussi, sauf si vous lisez ceci dans votre lit, saisissez un morceau de papier et coupez-le en cinq ou six bandes (d'environ 2 centimètres de large et d'une vingtaine de centimètres de long). Pour fabriquer une bande cylindrique, prenons une bande de papier et collons les deux bouts.
Traçons une ligne le long de la ligne médiane de la bande. Pour que cela soit plus facile, nous pouvons appliquer la bande sur une surface plane et tirer la bande sous le crayon (plutôt que l'inverse). Nous ne nous étonnons pas de tracer une boucle. Le tracé est sur un côté de la bande. Pas de surprise. Pour fabriquer un ruban ou une bande de Möbius, prenons une des bandes et, avant de coller les deux extrémités, faisons-lui faire un demi-tour (une torsion de 180°).
Traçons une ligne médiane comme auparavant, et comme dans le cas de la bande cylindrique, cette ligne forme une boucle. Mais nous remarquons que la ligne passe des deux côtés de la bande de Möbius : une bande de Möbius n'a qu'un côté. Bien sûr, tout vient du fait que nous avons tourné la bande d'un demi-tour avant de la coller. Cela semble clair aujourd'hui, mais, avant Möbius, les mathématiciens ne s'intéressaient pas aux surfaces à un côté. Il est surprenant qu'aucun document ne mentionne les surfaces à un côté avant le milieu des années 1800. Cette étude est aujourd'hui au cœur d'une branche de la géométrie, la topologie.

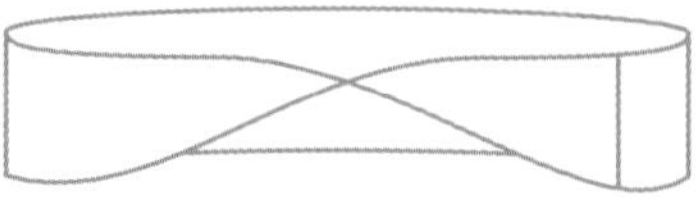

La bouteille de Klein

Une surface à un seul côté existe, comme en témoigne le ruban de Möbius. En 1882, le mathématicien allemand Felix Klein élargit l'idée de surface à un côté en imaginant un col qui entre dans une bouteille pour se souder par l'intérieur au fond de celle-ci (en fait, une bouteille de Klein n'existe vraiment qu'en quatre dimensions). Tout comme nous ne pouvons distinguer un côté d'un ruban de Möbius de l'autre, la bouteille de Klein n'a ni intérieur ni extérieur. Nous pouvons peindre l'extérieur d'une bouteille normale, mais si nous essayons de peindre une bouteille de Klein, toute la surface est peinte.

Jouons avec Möbius

La bande de Möbius a d'autres propriétés qui ont été exploitées par les prestidigitateurs. Nous allons suivre des instructions qui, avec une bande cylindrique, ne donnent rien d'étonnant, mais avec une bande de Möbius…

Coupons nos deux bandes le long de la ligne médiane précédemment tracée. La bande cylindrique donnera deux bandes séparées, mais que donne la bande de Möbius ? Coupons les bandes à un tiers de la hauteur de la bande et non à la moitié comme avant. La bande cylindrique donnera deux bandes de hauteur inégale, le ruban de Möbius, une surprise ! Enfin, vous aimerez explorer ce que donnent les découpes avec une autre bande obtenue en faisant faire un tour (360°) à la bande avant d'en coller les extrémités.

MÖBIUS

Augustus Möbius était un mathématicien et astronome allemand.
Il est renommé pour sa découverte du ruban de Möbius qu'il publia quand il avait 75 ans. Il est surtout connu pour son œuvre mathématique, mais son travail en astronomie est également important.
Möbius est né en Saxe en 1790.
Du côté de sa mère, il descendait de Martin Luther. Sa mère mourut quand il avait trois ans et il fut éduqué à la maison jusqu'à 13 ans. Il alla alors au lycée où il s'intéressa aux mathématiques. À l'université de Leipzig, il étudia les mathématiques, la physique et l'astronomie. En 1813, il étudia l'astronomie à Göttingen sous la direction de Gauss.
Il fut nommé professeur assistant d'astronomie et de mécanique supérieure à l'université de Leipzig en 1816 à 26 ans. Hélas, c'était un conférencier médiocre qui n'attirait pas beaucoup d'étudiants et il n'eut ni argent (c'étaient les étudiants qui payaient) ni promotion. Toutefois, comme c'était un bon chercheur, il fut finalement nommé en 1844 professeur titulaire et en 1848 directeur de l'Observatoire de Leipzig. Il se maria et eut trois enfants.
Il mourut à Leipzig en 1868 à l'âge de 78 ans.

Exercice 26 Les anneaux enlacés

PROBLÈME

Jeanne a reçu une bague de mariage grecque de sa grand-mère. La bague est composée de trois anneaux d'or enlacés. En jouant avec la bague, Jeanne s'aperçut que si l'on coupait un des trois anneaux, les deux autres étaient toujours enlacés. Elle s'est alors demandé comment enlacer les trois anneaux pour que, si l'un est coupé, les autres soient libérés. En fait, de combien de façons pouvons-nous enlacer les trois anneaux ?

DÉMARCHE

Ne nous préoccupons par, pour l'instant, de la manière dont les anneaux passent en dessous ou en dessus lors des croisements. Les anneaux sont ainsi :

Il y a six endroits où les cercles se coupent. À chacune de ces six zones de croisement, un cercle doit passer par-dessus ou par-dessous l'autre, ce qui fait qu'il y a deux choix à chacun des six croisements et en tout $2^6 = 64$ possibilités. Toutefois, toutes ces possibilités ne sont pas différentes. Deux motifs de croisements des trois anneaux sont différents si l'on passe de l'un à l'autre par une transformation. Il y a trois transformations possibles préservant la nature des motifs : une rotation de 120°; une réflexion par rapport à un axe et un retournement.
Si nous éliminons les motifs dupliqués, nous pouvons réduire les 64 motifs à 10 de géométries véritablement différentes.

Si nous transformons chacun de ces dix motifs en bague de mariage, tous ne correspondront pas à des anneaux enlacés. Par exemple, une possibilité est que les trois anneaux soient déposés l'un sur l'autre : ils sont complètement séparés.

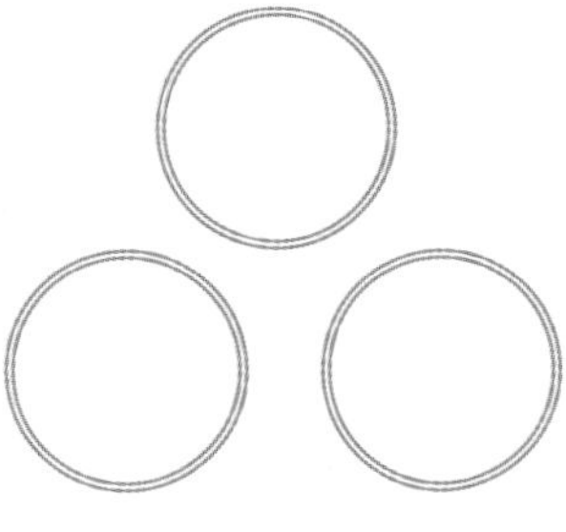

Trois des dix motifs donnent deux anneaux enlacés et un anneau indépendant : voici l'un des trois.

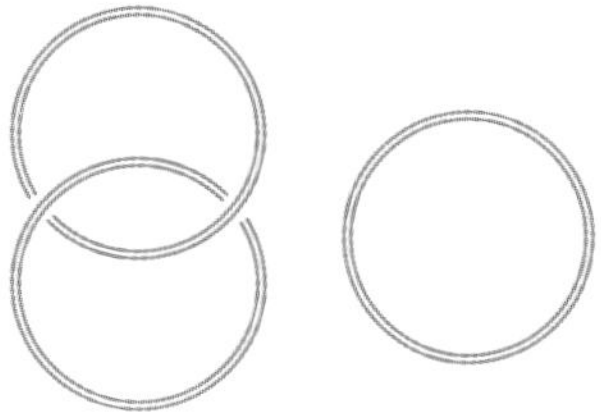

Trois autres motifs donnent une chaîne de trois.

Dans les trois motifs restants, chaque anneau est lié aux deux autres.

A

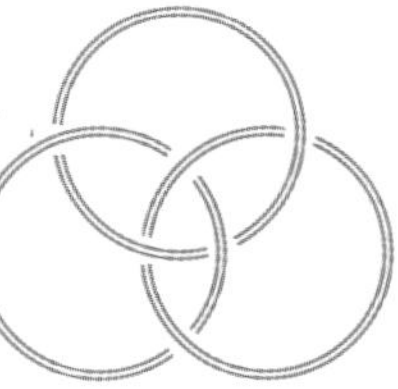

B

C

Seul l'un d'entre eux, le motif A, est tel que la coupure de l'un les libère tous.

SOLUTION

Il est ainsi possible d'enlacer les trois anneaux de façon à ce qu'ils soient tous trois enlacés, mais que deux ne le soient pas. Cette disposition remarquable des anneaux est la disposition des anneaux borroméens. Les Borromée étaient des nobles italiens qui les avaient adoptés dans leurs armoiries. Le palais des Borromée à Isola Bella sur le lac Majeur était décoré de ce motif et de ses variations.

TOPOLOGIE

Pour nous, gens du commun, une tasse et une chambre à air n'ont rien de semblable. Mais pour le mathématicien spécialiste d'une branche de la géométrie dénommée topologie, une tasse et une chambre à air sont mathématiquement identiques, comme le sont un bâton de craie et un morceau de camembert.

La géométrie du caoutchouc

La topologie est parfois désignée, par analogie, la géométrie du caoutchouc car elle traite de la géométrie de telles surfaces hautement déformables. La topologie étudie en particulier la propriété des formes qui ne changent pas (invariantes) quand elles sont étirées et tordues ; les topologistes ne se préoccupent ni des longueurs ni des angles.

Imaginons un ballon à moitié gonflé. Il peut être déformé pour ressembler à un ballon de football ou, si nous le pressons avec notre poing, à un bol. Jouer au ballon avec la jarre en cristal de notre grand-mère ne plairait à personne, mais les bols et les ballons sont topologiquement équivalents car nous pouvons les transformer l'un dans l'autre. En conséquence, les cinq solides platoniciens (voir pages 76–77) sont topologiquement équivalents à un ballon. Un cube de caoutchouc peut être transformé (mathématiquement) en un ballon, un tétraèdre ou un mât de bateau. Dans tous ces exemples, le topologiste considère la surface des objets transformés.

Notre ballon ne peut cependant pas être transformé en une chambre à air sans que nous en percions la surface. Les chambres à air ne sont pas topologiquement équivalentes à des ballons car elles ont un « trou ». Mais une tasse à thé est topologiquement équivalente à une chambre à air à cause du trou de l'anse. Une chambre à air, naturellement en caoutchouc, est transformable en tasse à thé (théoriquement).

Les tores

La désignation mathématique d'une surface en forme de chambre à air est un « tore ». Deux surfaces sont considérées topologiquement équivalentes si on peut transformer l'une dans l'autre de façon continue. Le mot important est « continue ». Nous ne pouvons transformer un ballon en un tore sans le percer, ce qui est une discontinuité.
Une sphère n'a pas de trous, un tore a un trou, et nous pouvons continuer ainsi à ajouter des trous pour créer un tore à deux trous, à trois trous, etc. Toute surface finie et qui a deux côtés (ce n'est pas un ruban de Möbius) est topologiquement équivalente à une sphère ou à un tore avec un nombre fini de trous.
Nous étudierons les propriétés topologiques d'une surface en transformant une boucle dessinée sur la surface. Toute boucle dessinée sur une sphère (un ballon) peut être continûment rétrécie jusqu'à ce qu'elle soit réduite à un point.
Une boucle sur un tore qui enserre le tore n'a pas cette propriété : on ne peut réduire continûment la boucle à un point sans découper la boucle ou le tore.

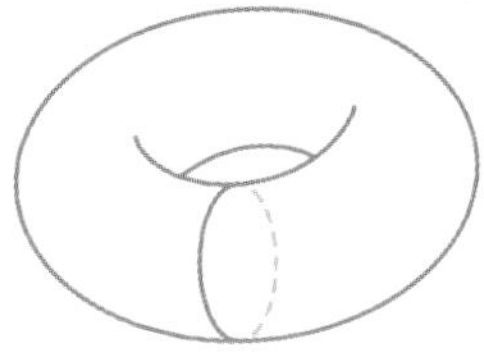

La sphère est la seule surface ayant cette propriété : elle est simplement connectée.

La conjecture de Poincaré

En 1904, le mathématicien français Henri Poincaré émit la conjecture que cette propriété de réduction d'une boucle à un point était vraie pour une sphère à trois dimensions (une sphère à trois dimensions est plus qu'une boule pleine, c'est une surface dans l'espace à quatre dimensions). Poincaré pensait n'avoir énoncé qu'une simple généralisation d'une surface, mais la démonstration de cette conjecture a été très difficile. Jusqu'à l'annonce de sa démonstration par Grigori Perelman en 2003, la conjecture, non résolue, faisait partie des sept « problèmes du prix du millénaire » recensés et primés en 2000 par l'Institut Clay. La preuve de Grigori Perelman (voir page 160) est aujourd'hui acceptée, mais son auteur a refusé cette récompense, comme toutes les autres.

• Une boucle sur une sphère peut être réduite à un point.

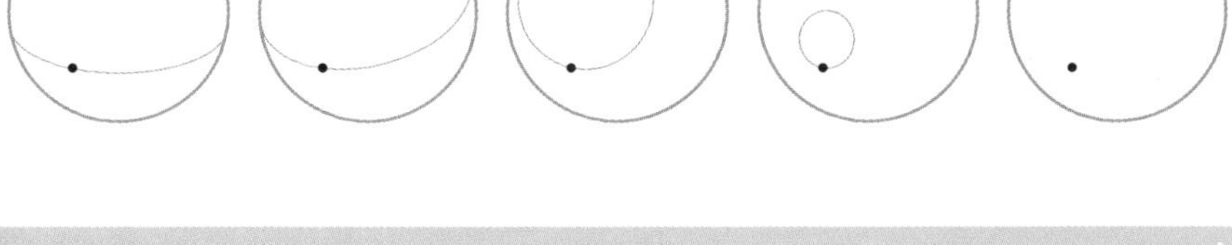

Jules Henri Poincaré

Poincaré est un des plus grands génies de tous les temps. Il apporta une contribution majeure dans différents domaines des mathématiques pures et appliquées: mécanique céleste, mécanique des fluides, optique, électricité, télégraphie, capillarité, élasticité, thermodynamique, théorie du potentiel, théorie quantique, théorie de la relativité et cosmologie. En mathématiques, il travailla en particulier en topologie et émit la très importante conjecture qui porte son nom.

La vie de Poincaré

Jules Henri Poincaré est né en 1854 à Nancy, dans une famille universitaire et politique influente. Son père était professeur de médecine à l'université de Nancy et son cousin fut Président de la République de 1913 à 1920. Enfant, il eut la diphtérie et sa mère lui fit l'école avant qu'il aille au lycée aujourd'hui dénommé lycée Henri-Poincaré en son honneur. Excellent dans tous les domaines, il fut appelé «un monstre de mathématiques». Il fut reçu premier à l'École Polytechnique et, dans l'école d'application, il étudia l'extraction minière, la physique et les mathématiques. Après son doctorat il enseigna à l'université de Caen, puis, en 1886, fut nommé professeur de physique mathématique à la Sorbonne. L'année suivante, à 32 ans, il fut élu à l'Académie des sciences et en 1909 élu à l'Académie française. Il enseigna à la Sorbonne jusqu'à sa mort, en 1912, des suites d'une opération chirurgicale alors qu'il n'avait que 58 ans. Il était marié et avait quatre enfants.

Le cerveau d'un génie

Poincaré décrivit sa méthode de travail à son collègue Toulouse, qui relata leur conversation dans un livre sur Poincaré.

Poincaré avait une mémoire étonnante et il se souvenait de la ligne et de la page des textes qu'il avait lus et qu'il était capable de réciter par cœur... Il avait un horaire de travail précis, ne travaillant sur ses recherches en mathématiques que quatre heures par jour, de 10 heures à midi, et de 5 à 7 heures du soir. Il travaillait toujours en partant des principes de base, rarement à partir de travaux antérieurs. Il

UN PIONNIER UNIVERSEL

Poincaré étudia ce que l'on nomme aujourd'hui le problème des trois corps, c'est-à-dire le calcul des trajectoires de trois corps en interactions gravitationnelles. Lors de son étude, Poincaré découvrit la théorie du chaos. En 1887, le roi de Suède Oscar II, offrit un prix pour la solution de ce problème et Poincaré reçut le prix.
Il tenta, sans grand succès, de persuader les pays du monde de mesurer le temps et les longitudes dans le système décimal et le projet fut abandonné. En revanche il soutint le projet français de synchronisation mondiale des horloges et l'établissement des fuseaux horaires internationaux.
En 1905, Einstein publia son premier article sur la relativité trois mois après la parution de l'article de Poincaré sur le sujet. Einstein reconnut plus tard que Poincaré avait été un pionnier du domaine.
Poincaré travailla sur la topologie de la sphère et émit la conjecture qui porte son nom sur la sphère à trois dimensions (voir page 157).
Poincaré écrivit des livres et des articles de vulgarisation des sciences et des mathématiques, renouvelant l'intérêt du public pour les sciences.

était si concentré qu'il était difficile de le distraire. Quand il arrêtait, il pensait, à juste titre, que son subconscient continuerait le travail «comme une abeille butinant de fleur en fleur». Il pensait à son travail mathématique avant de le coucher sur papier. Il ne travaillait pas à des sujets nouveaux avant de s'endormir de crainte de faire de l'insomnie, mais lisait des articles scientifiques. Il écrivit qu'un mathématicien éprouvait les mêmes exaltations qu'un artiste: son plaisir est aussi grand et de même nature. Il pensait que la logique était nécessaire à la compréhension des mathématiques, alors que l'intuition était indispensable pour la découverte de nouvelles idées. À son enterrement, il fut décrit comme un poète de l'infini, un troubadour des sciences.

«Qu'est-ce qui nous donne dans une solution, dans une démonstration, le sentiment de l'élégance? C'est l'harmonie des diverses parties, leur symétrie, leur heureux balancement; c'est en un mot tout ce qui y met de l'ordre, tout ce qui leur donne de l'unité, ce qui nous permet par conséquent d'y voir clair et d'en comprendre l'ensemble en même temps que les détails.» ***Henri Poincaré***

Exercice 24

Boucles

PROBLÈME

Christine observait un magicien qui faisait un tour avec une ceinture. Le prestidigitateur enroula sa ceinture en spirale comme représenté ci-contre.

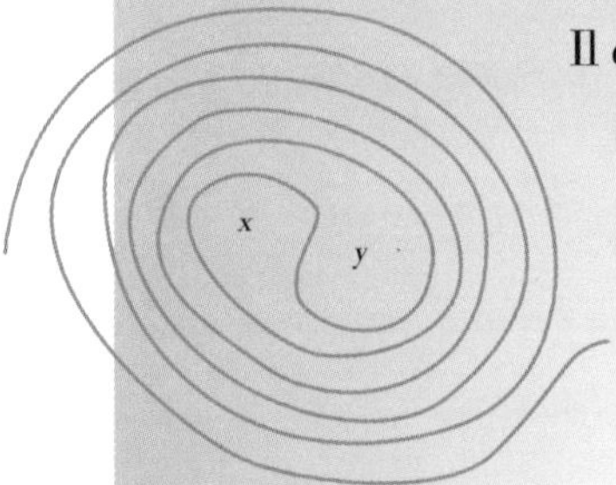

Il demanda à Christine de mettre le doigt dans les secteurs x ou y et tira sur les deux bouts en les croisant pour emprisonner le doigt de Christine. Son doigt était bel et bien emprisonné.

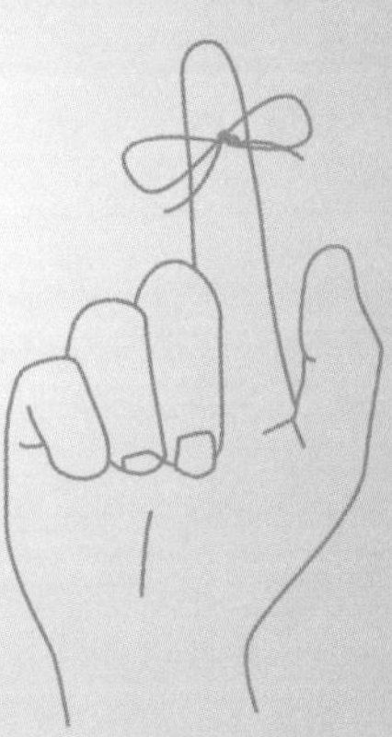

Le prestidigitateur répéta ce tour plusieurs fois, quelquefois le doigt était emprisonné, quelquefois il ne l'était pas. Le magicien refit le tour et à chaque fois il prédisait si le doigt de Christine serait emprisonné ou non. Il avait toujours raison. Christine voulut savoir si le magicien avait des pouvoirs de divination, était chanceux, avait un comparse ou un truc.

DÉMARCHE

Ce n'est qu'un tour fondé sur une propriété topologique. Nous pouvons le vérifier avec une ficelle ou une grande ceinture que nous plions en deux puis enroulons sur elle-même. Nous créons ainsi deux « spirales » qui apparaissent identiques. Le défi pour Christine est de savoir si son doigt (ou un crayon) sera emprisonné quand le magicien tirera sur les bouts de la ficelle.
Qu'importe l'endroit où vous placez le doigt, dans le secteur x ou y, le prestidigitateur réussira à l'emprisonner à chaque fois. Si vous choisissez le bout X, le magicien prend cette extrémité, puis la déroule dans le sens des aiguilles d'une montre pour approcher le bout Y et s'en saisir. Il continue alors à dérouler les deux extrémités ensemble dans le sens des aiguilles d'une montre jusqu'à ce qu'il se retrouve à droite du doigt. En tirant sur la ficelle vers la droite, il emprisonne le doigt qui est à l'intérieur de la boucle (la boucle formée originellement par le repliement de la ficelle).
Inversement, si vous choisissez le bout Y, le magicien s'en saisira et tournera dans le sens des aiguilles d'une montre pour ensuite prendre le bout X. Cela a pour effet de tourner la boucle dans l'autre sens, et c'est maintenant l'« autre boucle » qui enserre le doigt.

SOLUTION

Christine a été victime d'un vieux tour. Il a été nommé « *Fast and loose* » (« Vite et libre ») et une allusion y est faite dans la pièce de Shakespeare *Antoine et Cléopâtre.*
Notons que si nous saisissons les deux bouts de la ficelle repliée en spirale comme sur la figure, nous formons une boucle. Pour savoir si notre doigt est à l'intérieur ou à l'extérieur de la boucle, traçons une demi-droite dans le plan où repose la ficelle et, partant du point où notre doigt touche le plan, comptons alors le nombre de points d'intersection de cette demi-droite avec la ficelle. Si ce nombre est pair, le doigt est à l'extérieur de la boucle, s'il est impair il est à l'intérieur… Christine devrait suivre un cours de topologie.

• Que vous choisissiez le secteur x ou le secteur y, vous allez perdre.

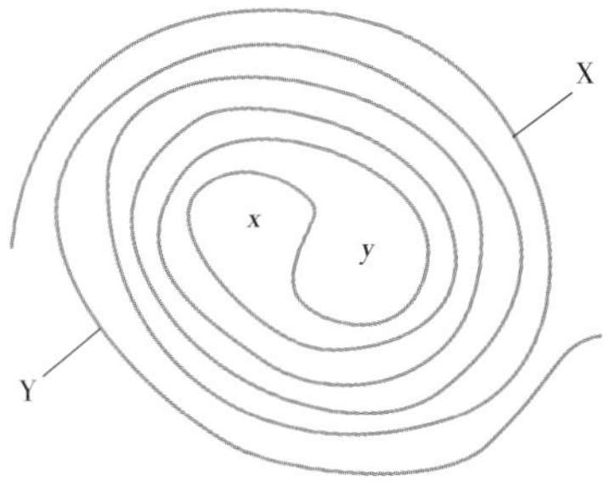

Grigori Perelman

Grigori Perelman, quelquefois appelé Grisha Perelman, est un mathématicien russe, né en 1966, qui apporta d'importantes contributions à la géométrie riemanienne; son plus beau titre de gloire est d'avoir résolu la conjecture de Poincaré émise en 1904 (voir page 157), un des problèmes mathématiques les plus importants et les plus difficiles.

La vie de Perelman

Perelman est né à Léningrad (aujourd'hui nommée Saint-Pétersbourg) d'une famille juive. Son père, ingénieur électricien, aimait poser à son fils des petites énigmes mathématiques et lui apprit à jouer aux échecs. Sa mère était professeur de mathématiques et sa jeune sœur devint aussi mathématicienne.

À 14 ans, il était le membre le plus brillant du club mathématique de Léningrad et il suivit les cours du Centre mathématique pour enfants surdoués.

En 1982, il obtint une médaille d'or aux Olympiades internationales de mathématiques avec le score maximum. Étudiant à l'université de Léningrad, il écrivit son mémoire de thèse sur la géométrie euclidienne. Il travailla ensuite à l'institut Steklov. Après l'effondrement de l'Union soviétique il fut invité, en 1992, aux États-Unis et passa un an à l'université de l'État de New York. Perelman tira profit de la liberté américaine pour laisser libre cours à ses pulsions excentriques. Il laissa pousser ses cheveux et ses ongles, et un de ses amis américains dit qu'il ressemblait à Raspoutine. Il alla travailler à l'université de Californie sur la conjecture de Poincaré. Il refusa ensuite de nombreuses offres de postes dans les universités américaines et revint à Saint-Pétersbourg à l'institut Steklov. Là, il vécut avec sa mère une vie de plus en plus solitaire. Depuis 2006, on pense qu'il ne fait plus de mathématiques.

La solution de la conjecture de Poincaré

En 2002, Perelman mit un article sur le site arXiv.org, un site où sont déposés les articles en instance de publication dans les journaux de mathématiques. Il envoya ensuite deux autres articles traitant de sa solution de la conjecture de Poincaré. Perelman ne soumit ses articles à aucun journal de mathématiques à arbitrage et sembla désintéressé par les honneurs dont on l'accabla. En 2006, l'Union mathématique internationale lui décerna la prestigieuse médaille Fields pour son travail sur la conjecture de Poincaré, mais il refusa cet honneur et n'assista pas à la conférence associée à la remise du prix. «Tout le monde sait que si ma démonstration est correcte, je n'ai nul besoin d'aucun autre témoignage de reconnaissance», dit-il.

• Grigori Perelman, photographié avant qu'il ne démissionne de l'institut Steklov.

Portrait

Luitzen Brouwer

Luitzen Egbertus Jan Brouwer (1881–1966), dénommé Bertus par ses amis, est, dans le monde mathématique, L. E. J. Brouwer. De nationalité hollandaise, ce mathématicien et philosophe travailla en topologie, en théorie des ensembles, en théorie de la mesure et en fonction de la variable complexe. Ses premiers travaux portaient sur la topologie dans l'espace euclidien.

Brouwer fut un étudiant exceptionnel qui termina son cursus de lycéen à 14 ans. Étudiant brillant, il aimait travailler seul, sans aller aux cours. Sa thèse de doctorat a prolongé les idées de Poincaré et de Russell sur la nature des mathématiques. Brouwer inventa le mot « intuitionnisme », pour affirmer que les fondements des mathématiques résidaient dans l'intuition de chaque mathématicien, et que, par conséquent, l'activité mathématique était essentiellement subjective. Dans l'approche classique des mathématiques, une affirmation est vraie ou fausse. La théorie intuitionniste oblige les mathématiciens à prouver qu'une affirmation est vraie ou fausse, car il y a des affirmations non démontrables. Pour Brouwer, les mathématiques ne sont pas un système logique complet où les affirmations attendent d'être prouvées, mais une construction de l'esprit. Ses idées étaient contestées à l'époque, notamment par Korteweg, son directeur de thèse.

Brouwer enseigna à l'université d'Amsterdam, et finalement remplaça Korteweg comme professeur de mathématiques. Bien que d'un comportement inhabituel – il n'allait à l'université qu'une fois par semaine et n'autorisait aucune interruption de son cours par des questions –, l'université le traita avec respect. Il ne donna aucun cours en topologie, son sujet de recherche, mais seulement sur l'intuitionnisme. Il fut élu aux Académies royales des sciences de Hollande et de Londres, à l'Académie des sciences de Berlin et de Göttingen. Il fut fait Chevalier de l'Ordre du Lion Néerlandais en 1932.

Le théorème de la sphère poilue

Le théorème stipule que si une sphère est complètement couverte de cheveux, il est impossible de la peigner de sorte que tous les cheveux soient à plat. Des cheveux se dressent toujours. Brouwer démontra le théorème en 1912: «Tout champ de vecteurs tangents à une sphère dans l'espace à trois dimensions et continu s'annule en un point au moins.»
Un tore (une chambre à air) ne présente pas le même problème: si un tore est couvert de cheveux, nous pouvons toujours le peigner pour que tous les cheveux soient bien à plat.
Le théorème a un corollaire pour la circulation des vents autour de la Terre. S'il y a du vent partout sur Terre, il doit toujours y avoir un cyclone quelque part, car dans l'œil du cyclone, il y a un point où la vitesse du vent est nulle.
Le dessin par ordinateur utilise aussi le théorème de la sphère poilue et ses variantes.

«Les mathématiques n'expriment rien de plus ni rien de moins que la partie exacte de notre pensée.»

Luitzen Brouwer

FRACTALES

Les mathématiciens évoquent souvent la beauté des mathématiques, une beauté résultant de l'élégance des démonstrations et de la synergie inattendue de branches différentes des mathématiques. Récemment, la beauté mathématique est devenue patente pour le non spécialiste à travers les fractales calculées sur ordinateur.

Le flocon de neige

Traçons un triangle équilatéral. Divisons chaque côté en trois et construisons un triangle équilatéral plus petit sur le tiers médian de chaque côté. Nous obtenons une étoile à six branches sur lequel nous répétons la même opération sur chacun des 12 côtés obtenus et ainsi de suite, ce qui nous donne des flocons de neige avec des côtés de plus en plus découpés.

Le flocon de neige est apparu pour la première fois dans un article de 1904 du mathématicien suédois Helge von Koch. Le flocon de von Koch a évidemment une aire finie car il est à l'intérieur du cercle circonscrit au triangle de départ. Le périmètre est plus difficilement imaginable : il est infini (à chaque étape il est multiplié par 4/3) et ne peut être mesuré. Quand nous agrandissons une partie du flocon avec une précision parfaite, nous retrouvons le flocon initial. Le périmètre n'arrête pas de tourner et de retourner, si bien que la mesure est impossible.

Les côtes de Bretagne

Le flocon de von Koch n'était qu'une curiosité mathématique jusqu'à ce que Benoît Mandelbrot (voir pages 170-171) s'intéresse aux travaux d'un mathématicien peu connu, Lewis Richardson.
In 1961, Richardson publia un article intitulé « Quelle est la longueur de la côte de Bretagne ? » La question était bien plus subtile qu'il n'y paraît : Richardson appliquait la même logique pour évaluer la longueur de la côte que pour mesurer le périmètre du flocon

de von Koch. À mesure que vous agrandissez une partie de côte, son découpage devient plus fin et la longueur de la côte augmente avec l'agrandissement. Imaginons que nous mesurions la côte vue d'un satellite et comparions cette mesure avec celle obtenue en conduisant près de la côte. La dernière mesure, plus précise, donne une valeur supérieure. Si nous mesurons maintenant la côte avec un mètre, nous obtenons une valeur encore plus grande. Et si une fourmi suivait la côte ? À chaque agrandissement, la longueur de la côte augmente. Comme il s'agit d'une longueur physique, la longueur de la côte bretonne doit cesser de grandir à un certain moment, mais la nature du raisonnement reste valide.

La rugosité

La construction de la courbe de von Koch met en œuvre une opération toujours recommencée, une itération infinie. En conséquence, quel que soit notre agrandissement, le périmètre du flocon de neige est toujours découpé : à toute échelle le périmètre du flocon est infiniment hérissé de pointes. Mandelbrot a vu que cette propriété était une loi de la nature et que les feuilles de fougères, les têtes de brocolis, les ramifications des vaisseaux sanguins avaient un tel agencement. Plus important, il y a une rugosité inhérente qui contraste avec la régularité des structures euclidiennes. Mandelbrot inventa le mot *fractale* pour décrire les objets qui sont également détaillés quelle que soit l'échelle.

Itération

L'ensemble de Mandelbrot est devenu l'emblème des fractales.

Comme le flocon de von Koch, l'ensemble de Mandelbrot résulte d'une itération simple. Mandelbrot examinait la formule simple $x_{n+1} = x_n^2 + c$. Étant données une valeur de départ pour x_0 et une constante c, nous calculons la prochaine valeur en élevant *x au carré* et en ajoutant c. Cette nouvelle valeur de x est réinsérée dans l'équation et le processus est répété à l'infini. Avec $x_0 = 0$ et $c = 1$, les premiers termes sont 0, 1, 2, 5, 26, 677, 458 330...

Les valeurs de x deviennent de plus en plus grandes : on dit que la série diverge vers l'infini.

Mandelbrot pensa à utiliser des valeurs complexes pour x et c (des nombres faisant intervenir une racine carrée de -1) ; en partant d'une valeur initiale $x = 0$, il obtenait deux résultats différents selon la valeur de c. Comme dans l'exemple précédent, la valeur de c égale à 1 donne une série qui diverge vers l'infini. Mais il existe une infinité de valeurs de c pour lesquelles la série converge : cet ensemble constitue l'ensemble de Mandelbrot.

Un chaos simple

Les fractales sont souvent et malencontreusement associées aux mathématiques du chaos alors qu'elles sont généralement très claires, fondées sur des itérations de formulation simple, tout à fait à l'opposé du chaos.

Exercice 25

Animations

PROBLÈME

Clément a vu de très belles cartes de vœux animées à une foire de produits artisanaux et voudrait aussi en confectionner une. Comme il aime les mathématiques, il voudrait que ses cartes aient une connotation mathématique.

DÉMARCHE

Une technique simple permet de créer des cartes animées avec des fractales. La beauté du produit résulte de la simplicité de sa construction, tout comme les fractales produisent des objets complexes et étonnants à partir de règles simples.
Commençons par replier en deux une feuille de papier.

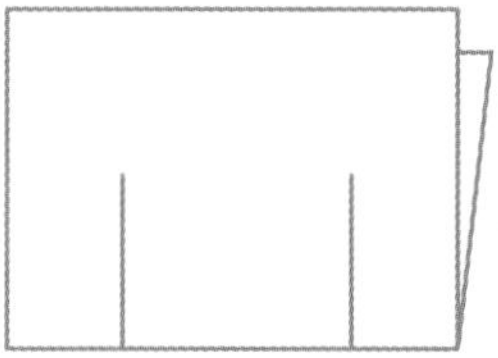

Faisons deux incisions à partir du pli au quart et aux trois-quarts de la longueur de la feuille, les incisions montant jusqu'au milieu de la feuille. Il n'est pas nécessaire de faire ces coupes très exactement, l'évaluation à l'œil suffit.

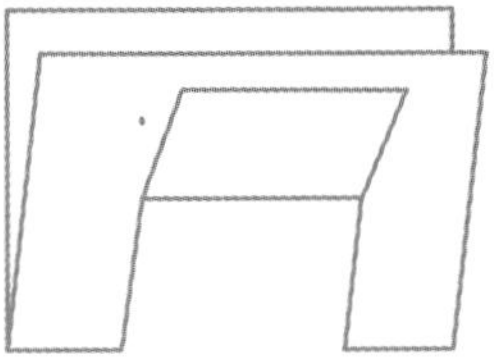

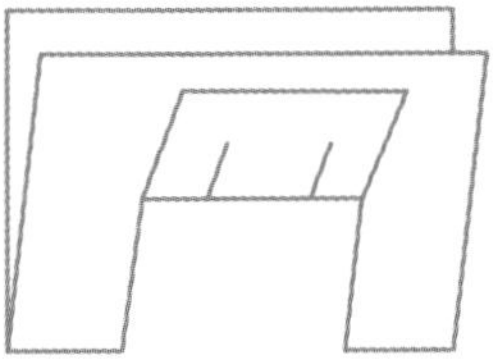

Considérons maintenant le nouveau pli comme une réduction du premier pli et répétons la découpe faite précédemment, deux incisions au quart et aux trois-quarts.
Répétons le processus aussi souvent que nous le pouvons (cela dépendra de la taille et de l'épaisseur du papier), mais nous devrions être capables de le répéter quatre ou cinq fois.
Déplions maintenant le tout avec précaution. La fractale est créée par le dépliement qui révèle la carte animée à la condition d'inverser certains plis pour qu'ils pointent tous vers l'avant comme indiqué sur la figure en bas à droite.
Le relief fera apparaître une série de cubes dont les côtés sont de plus en plus petits à chaque itération (d'un facteur 1/2 environ). Avec un peu d'habitude

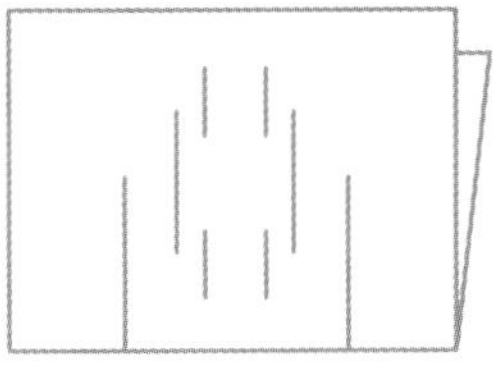

et si vous travaillez bien vos plis, vous obtiendrez un excellent effet quand vous ouvrirez la carte à angle droit. Vous pouvez maintenant coller cette feuille pliée sur une autre pour obtenir une magnifique carte animée.

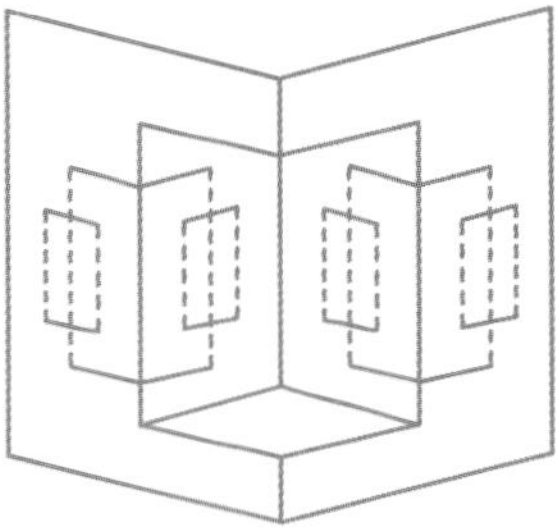

SOLUTION

La simple règle consistant à inciser et à replier la feuille crée une fractale. La carte animée a la propriété caractéristique des fractales : elle est autosimilaire, chaque partie reproduisant le tout (sauf que nous n'allons pas jusqu'à l'infini). Clément qui aime les pliages et les mathématiques devrait être content ; de plus, il pourra explorer d'autres propriétés de la fractale.

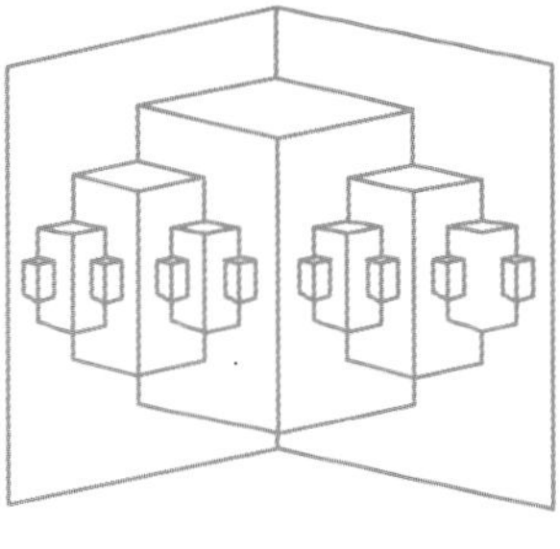

Exercice

29 Le jeu du chaos

PROBLÈME

Bastien joue à créer un motif aléatoire à l'aide d'un dé. Il commence par marquer les sommets d'un triangle équilatéral et marque un quatrième point à l'intérieur du triangle (nous verrons comment).

En suivant des règles simples, déterminées par le lancer du dé, Bastien marque de plus en plus de points dans le triangle. N'obtient-il ainsi qu'une répartition aléatoire de points dans le triangle?

DÉMARCHE

Les règles du jeu sont très simples. Nous avons les trois premiers points aux sommets du triangle équilatéral et le point 4 n'importe où. Lançons le dé.

Si le lancer donne 1 ou 2, le point 5 est au milieu du segment dont les extrémités sont les points 1 et 4.

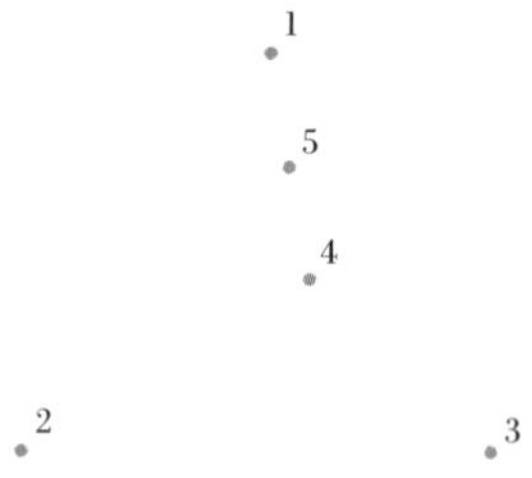

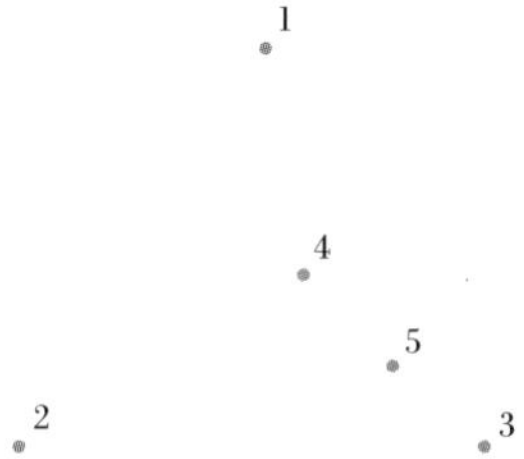

Si le lancer donne 3 ou 4, le point 5 est au milieu du segment dont les extrémités sont les points 4 et 2. Pour un lancer 5 ou 6, le point 5 est au milieu du segment d'extrémités 4 et 3.
Le point 5 est le nouveau point de départ. Nous relançons le dé et nous recommençons à placer le point 6 aux milieux des segments dont les extrémités sont 5 et 1, 2 ou 3 selon le résultat du lancer. Et ainsi de suite.
Nous n'obtenons pas une collection de points situés au hasard, mais un motif de plus en plus ordonné.

LE TRIANGLE DE SIERPINSKI

Le mathématicien polonais Wacław Sierpinski (1882–1969) apporta des contributions majeures à la théorie des ensembles. En 1915, il décrivit le triangle qui porte son nom, un exemple de ce que Mandelbrot dénomma ultérieurement une fractale. Cette fractale est facile à construire par itération comme nous l'avons vu. Elle contient une infinité de triangles et s'obtient aussi en partageant un triangle équilatéral et en remplaçant chaque élément du triplet de triangles par une version réduite du triangle ainsi découpé.

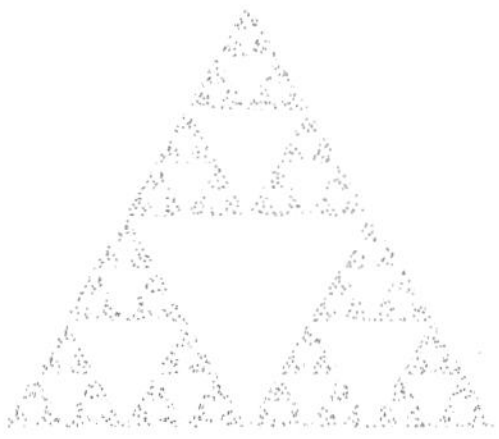

Quand nous continuons encore, un motif émerge, le triangle de Sierpinski.

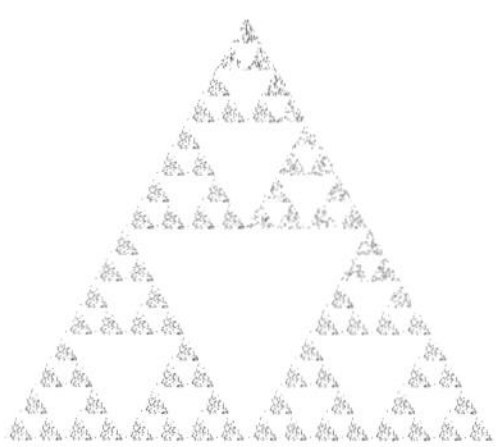

SOLUTION

Ce jeu, inventé dans les années 1980 par Michael Barnsley, démontre comment des événements aléatoires et imprévisibles, les résultats de lancers de dés, engendrent une régularité d'allure fractale. La disposition des premiers points de départ (ici trois points aux sommets d'un triangle équilatéral) engendre d'autres fractales, par exemple un motif de fougères.
La nature fractale du monde est fondée sur des règles d'itération simples.

Portrait

Benoît Mandelbrot

Mandelbrot est responsable de l'intérêt actuel pour les fractales: il montra comment les fractales apparaissent en mathématiques et dans la nature. L'ensemble qu'il a créé (*voir page 165*) porte le nom d'ensemble de Mandelbrot. Les travaux de Mandelbrot sur les fractales ont apporté de nouvelles lumières sur la théorie du chaos et ont été appliqués dans de nombreux domaines scientifiques et mathématiques.

La vie de Mandelbrot

Benoît Mandelbrot est né à Varsovie in 1924 d'une famille juive d'origine lituanienne. En 1936, quand il avait 11 ans, sa famille fuit la Pologne et émigra en France. Sa mère était médecin, et son père, un érudit, gagnait sa vie dans le textile. Deux de ses oncles lui enseignèrent les mathématiques. Bien qu'il soit allé ensuite à de bonnes écoles, ses études furent interrompues par la Seconde Guerre mondiale, l'Occupation

allemande, la lutte pour la survie et la menace de déportation.
Plus tard, il attribua son originalité intellectuelle à cette éducation peu conventionnelle et à la liberté qu'il avait eue de penser et de développer ses propres idées.
Il se targuait de n'avoir jamais appris ni l'alphabet ni les tables de multiplication au-dessus du 5.
Il reprit ses études à Paris et en 1945 fut admis à l'École Polytechnique. De 1947 à 1949, il étudia l'aéronautique à l'Institut de technologie de Californie, puis revint à Paris pour soutenir une thèse en mathématiques. De 1949 à 1958, Mandelbrot fut chercheur au Centre national de la recherche scientifique (CNRS) à Paris. Il se maria en 1955 et alla travailler à Genève. En 1958, sa femme et lui émigrèrent aux États-Unis où Mandelbrot était engagé au Centre de recherches Thomas Watson d'IBM, à New York. Dans un environnement favorable à ses réflexions, il travailla 32 ans, ayant le titre rare d'IBM Fellow. Parallèlement, il fut nommé professeur de mathématiques et d'économie à Harvard. À sa retraite d'IBM, il fut nommé professeur de la Chaire Sterling de mathématiques à l'université Yale. Un astéroïde porte son nom, le 27 500 Mandelbrot. Benoît Mandelbrot est mort en octobre 2010 à Cambridge, dans le Massachusetts.

Principaux travaux

Mandelbrot s'intéressa à un grand nombre de sujets apparemment déconnectés: le bruit dans les lignes téléphoniques, les fluctuations du cours du coton et la linguistique. Il vit que tous ces sujets avaient un point commun,

• Une image fractale, engendrée par ordinateur, révèle ses magnifiques détails.

les fractales. Il examina aussi la longueur des côtes et s'aperçut que cette longueur dépendait de l'instrument de mesure. Vue de l'espace, la ligne côtière est une courbe ou même un point. À mesure que nous nous approchons de plus près, nous voyons de plus en plus de détails, jusqu'à la rugosité des rochers et les irrégularités des particules de sable. Mandelbrot inventa le mot « fractales » pour décrire les régularités des irrégularités. Il écrivit : « Les nuages ne sont pas sphériques, les montagnes coniques, les côtes des cercles. » Mandelbrot continua ses recherches sur les irrégularités de la nature, mais avec l'aide de l'ordinateur, ce qui lui permit d'étudier les détails de l'ensemble de Mandelbrot.

La nouvelle vision fractale a incité les scientifiques à réexaminer la porosité des roches, la résistance de l'acier, la croissance des poumons, le désordre dans les mouvements liés à la maladie de Parkinson, les électrocardiogrammes, etc. Les fractales ont inspiré la créativité artistique dans les images numériques et les techniques fractales sont utilisées par les compositeurs Györgi Ligeti et Arvo Pärt. Les fractales interviennent aussi dans les statistiques boursières.

« Un nuage est fait de volutes de volutes de volutes. Quand vous approchez d'un nuage, vous ne retrouvez jamais de structures lisses, mais des irrégularités à plus petite échelle. » ***Benoît Mandelbrot***

COURBES À DEUX DIMENSIONS

Quand nous avons commencé ce livre (voir p. 14), nous avons rappelé que, pour Euclide, les points et les lignes n'avaient pas d'épaisseur. Une ligne que nous traçons a évidemment une épaisseur, sinon nous ne la verrions pas, mais une ligne mathématique, qui n'existe que dans notre imagination, a une épaisseur zéro. Même si nous en mettions une infinité côte à côte, nous ne pourrions pas couvrir une surface : la somme de zéros est zéro. Le mathématicien Giuseppe Peano a fait vaciller l'édifice mathématique en démontrant qu'il en était autrement.

Courbes tortueuses

Comme les fractales, la courbe mise au point par Peano est fondée sur un procédé itératif de construction. En prenant un motif simple et en le répétant sans cesse et sans fin, la courbe devient de plus en plus tortueuse. Peano démontra, qu'à l'infini, la courbe remplit le carré tout entier sans trou. Nous ne pouvons pas montrer une courbe à la fin du processus, car il n'a pas de fin, mais nous voyons les premières itérations. À l'infini le carré est tout noir.

• À l'infini, la courbe de Peano remplit complètement le carré.

• Les huit premières étapes de la construction de la courbe de Hilbert.

Un tremblement de terre

Un an après la découverte de Peano, le mathématicien allemand David Hilbert inventa une autre courbe. Qu'une courbe que les mathématiciens pensaient sans épaisseur puisse remplir le plan choqua terriblement les mathématiciens : c'était l'équivalent mathématique d'un tremblement de terre (David Darling) qui transforma les mathématiques en champ de ruines (Naum Valentin).

Les choses empirèrent quand on se rendit compte que ces courbes pouvaient être généralisées pour remplir l'espace à trois dimensions. L'avantage fut cependant grand : les mathématiciens durent repenser ce que signifiait la « dimension ». Nous pensons aujourd'hui que les objets n'ont pas seulement une, deux ou trois dimensions et que les dimensions fractionnaires existent. Ainsi le flocon de neige de von Koch (voir page 166) a la dimension 1,26. Les dimensions fractionnaires définies par Felix Hausdorff mesurent les fractales. La dimension d'une ligne côtière lisse est un, mais quand nous tenons compte de ses méandres infinis, sa dimension de Hausdorff est supérieure à un et inférieure à deux. La côte ouest de la Bretagne a la dimension 1,25 environ.

Les dimensions fractionnaires sont plus que des conceptions ésotériques inventées par des mathématiciens : elles ont des applications en sciences, notamment en biologie et en géologie.

INDEX

GLOSSAIRE

Coniques : courbes obtenues par intersection d'un plan et d'un cône. Selon l'angle du plan avec l'axe du cône, la section conique est une parabole, une ellipse, un cercle ou une hyperbole.

Géométrie euclidienne : étude des figures planes et dans l'espace, fondée sur les axiomes et les théorèmes énoncés par le mathématicien grec Euclide.

Nombre de Fibonacci : suite où chaque nombre est la somme des deux précédents. Les 10 premiers nombres de la suite sont 0, 1, 1, 2, 3, 5, 8, 13, 21, 34.

Fractales : vient du latin *fractum*, pour fractionner. Une fractale est une figure qui a la propriété d'être « autosimilaire » : toute partie, aussi petite soit-elle, est identique au tout. Des objets réels comme les lignes côtières ou les brocolis ont une autosimilarité fractale.

Nombre d'or : fraction obtenue en divisant un segment en deux parties telles que le quotient de la longueur de ce segment par la longueur de la plus grande partie est égal au quotient de la longueur de la plus grande partie par la longueur de la plus petite. Le nombre d'or, créé bien avant les fractales, joue un rôle important dans leur étude.

Grand cercle : courbe obtenue par l'intersection d'un plan passant par le centre d'une sphère avec cette sphère. Le plus petit chemin entre deux points à la surface d'une sphère est l'arc de grand cercle passant par ces deux points.

Plan : surface plane à deux dimensions. En géométrie euclidienne, le plan s'étend à l'infini.

Pi (π) : le quotient, en géométrie euclidienne, du périmètre du cercle par son diamètre D. L'aire d'un disque $\pi D^2/4$ fait intervenir le même nombre π.

Solides platoniciens : polyèdres dont les faces sont des polygones réguliers égaux et où les mêmes nombres de faces se rejoignent à chaque sommet. Il y a cinq solides platoniciens : le tétraèdre, le cube (ou hexaèdre), l'octaèdre, le dodécaèdre et l'icosaèdre.

Polygone : figure plane limitée par des segments. Dans un polygone régulier, par exemple un carré ou un triangle équilatéral, tous les côtés et tous les angles à chaque sommet sont égaux.

Polyèdre : une forme à trois dimensions dont les faces planes sont des polygones.

Topologie : étude des propriétés spatiales d'une forme géométrique qui sont préservées quand une forme est déformée, par exemple par étirement (c'est pourquoi on désigne souvent cette discipline par la géométrie des formes en caoutchouc). Un cube est topologiquement équivalent à une sphère.